JN004787

ほんの少しの
コストで
成功をつかむ
ルールと
テクニック

Web
マーケティング
の正解

西 俊明
Nishi Toshiaki

技術評論社

[免責]

本書に記載された内容は、情報の提供のみを目的としています。したがって、本書を用いた運用は、必ずお客様の責任と判断によって行ってください。これらの情報の運用の結果について、技術評論社および著者はいかなる責任も負いません。

本書記載の情報は、2020年2月1日現在のものを掲載していますので、ご利用時には、変更されている場合もあります。

また、ソフトウェアはバージョンアップされる場合があり、本書での説明とは機能内容や画面などが異なってしまうこともあり得ます。

以上の注意事項をご承諾いただいた上で、本書をご利用願います。これらの注意事項をお読みいただかずに、お問い合わせいただいても、技術評論社および著者は対応しかねます。あらかじめ、ご承知おきください。

[商標、登録商標について]

本文中に記載されている製品の名称は、一般に関係各社の商標または登録商標です。なお、本文中では、™、®などのマークを省略しています。

はじめに

「Webサイト作りやブログ・Facebook・YouTube・メルマガなど、たくさん施策はあるが、Webを活用して成功をおさめるには何をすればいいのか」

　私はWebコンサルタントとして、これまで220社以上のコンサルティング・250回以上のセミナーに登壇し、数千人以上の経営者・Web担当者のお話を伺ってきました。そこでわかったことは、彼らの悩みは上記の疑問に集約される、ということです。

　そもそも、「Webで成功する」とはどのような状態でしょうか。ビジネスですからまず考えられるのは「収益を上げる」ということですね。しかし、いくらWebで収益を上げられたとしてもコスト（お金、時間など）がかかりすぎてしまったら意味がありません。ここではWebで成功することを「Webを活用して最小の手間で最大の効果を得ること」としましょう。

　それでは、その成功をおさめるための手法、すなわち「Webマーケティングの正解」とは何でしょうか？　その答えは、

「お客様と信頼関係を築く」仕組みを作り、それにもとづいて施策をおこなう

ということです。Webマーケティングもリアルのビジネスと同じで、急にあなたの商品やサービスを売り込んでもお客様には響きません。まずはお客様と信頼関係を作ることが、安定して売上を上げ続けるためにもっとも重要です。「あたりまえのことだ」と思うかもしれませんが、このようなWebマーケティングの本質を理解し実践できている方は、まだまだ少数派。たとえば、一見キレイなWebサイトでもよく見ると次のようなことが散見

されることが多々あります。

・Webサイトの内容が、商品の写真や説明ばかり
・会社概要に代表者の名前すら書いていない
・お客様に役立つコンテンツがほとんどない

　思い当たる節はあるのではないでしょうか？　このように、リアルの商売ではどんなに優秀な経営者でも「Webサイト」になると、信頼関係のできていない初見のお客様に一方的に売り込みをかけてしまうのです。これは、Webマーケティングの場合ネットの先にいるお客様の顔が直接見えないので、彼らの気持ちを想像しにくいのが原因なのですが、そんなWebサイトで成功できるはずはありませんね。
　もっとも大事なのは、お客様との信頼関係の築き方をしっかり理解し、それを「一貫させる」こと。そのために、本書では徹頭徹尾「お客様と信頼関係を築く」という視点でWebマーケティングのルールからテクニックまで解説しています。

　この点は、前著『最小の手間で最大の効果を生む！　あたらしいWebマーケティングの教科書』でも大事にしていましたが、本書では次の点を変更することで、現在のWebマーケティングの実態にあわせつつ、さらに磨きをかけた方法論を反映させ、ムダなく最短で成果を上げる内容にパワーアップしました。

・「仕組みの作り方や魅力的なコンテンツ作成方法」を説明した後「基本SEO→ソーシャルメディア→広告運用→さらなる応用テクニック」というステップバイステップで活用できる構成
・ユーザーに刺さる自社の強みを抽出する、戦略ストーリーの章を新設
・Webサイト制作とSEOの章を統合し、より実務に沿う内容に変更

- マーケティングに有効なSNS「Instagram」をソーシャルメディアの章に追加
- Googleマイビジネスを活用したマーケティング（MEO）や動画マーケティングなどをまとめた応用技の章を新設

　この本で紹介する内容は、よくある机上の空論ではありません。私はコンサルティングや講師のかたわらWebマーケティングの実践研究と趣味を兼ねてWebメディアを運営しアフィリエイト収入を得ています。以前はアフィリエイトというと「うさん臭い」「怪しい」イメージがありましたが、現在では「ユーザーに好まれるサイト」「ユーザーに価値を提供するサイト」でないと成果が上がりません。その中で、本書で紹介する手法を実践したところ毎月100万円以上の収入を得られることを証明しました。

　つまり、本書は「Webを活用してユーザーに好かれるためには、どうしたらいいのか」を知りつくし、実際に成果を出した専門家によるノウハウが詰まっているのです。

　Webサイトに関して悩みを抱える経営者の方やWeb担当者の方には、ぜひこの本を読んで正しい施策の方向性を確認し最短で成果を上げてほしいと思います。

　また、ブログやアフィリエイトを仕事として真剣に取り組んでいる方にとっても、ユーザーから好まれ信頼されるメディアを作る「考え方」を学ぶバイブルとして最適な内容になっています。

　それでは、Webマーケティングの売れる仕組み全体の考え方から一緒に学習していきましょう。

2020年2月　西俊明

第3章 検索順位をグングン上げる「Webサイト」の作り方

第4章 信頼関係を積み重ねる「ソーシャルメディア」活用術

第 **5** 章

「広告」を使って最速で結果を出す

第 **6** 章 "今"だからこそ効果が出る「応用技」

第 **1** 章

「Webマーケティング」の
キホンをおさえよう

➡ そもそも、マーケティングってなに？

「マーケティング」という言葉を聞いたことがない人はいないと思います。しかし、じつは「マーケティング」の意味を正しく理解している人はそう多くありません。あなたは「マーケティングとは何か」と聞かれたら、何と答えますか？

「商品・サービスを企画すること」
「市場調査をすること」
「CMやチラシなどを使って販売促進をすること」

　いずれもマーケティングの一部をとらえてはいますが、正確な回答ではありません。世界的に著名な経営コンサルタントであるドラッガーは、

「マーケティングとはセリング（販売）をなくすこと」

という言葉を残しました。これは「売り込みをかけなくても、顧客が勝手にほしいと思ってくれる状態を作りだすことがマーケティング」という意味です。もっと端的に言えば、「お客様の“ほしい！”という気持ちを作ること」がマーケティングです。冒頭の回答にあった「企画」「市場調査」「販売促進」などはいずれもマーケティングの1要素であり、それらを有機的に組みあわせて、

「お客様のほうから“売ってほしい”とガンガン寄ってくる」

　この状態を作りだすことがマーケティングということになるでしょう。

➡ Webマーケティングとは?

　Webマーケティングは、インターネットを利用してWebサイトを中心におこなうマーケティング活動のことです。Webサイトとは「ホームページ」とほぼ同義ですが、ホームページには「Webサイトのトップページ（最初のページ）」という意味もありますので、あいまいにならないよう、本書では「Webサイト」で統一します。

　Webマーケティングの具体的な内容は、

- ・ターゲットとなるユーザーの心をつかむWebサイトを構築する
- ・多くのユーザーに訪問してもらうために、検索エンジンでWebサイトが上位に表示されるような施策をする
- ・ソーシャルメディアなどを活用して、あなたの伝えたい情報を発信する

などがあります。また、ネット広告を使うこともWebマーケティングの一部です。つまり、

「おもにWebを使いながら、お客様の"ほしい！"という気持ちを作り出すことが、Webマーケティング」

ということになります。

➡ 比較でわかるWebマーケティングのメリット・デメリット

　Webマーケティングは「伝統的マーケティング」と比較すると、特徴がわかりやすくなります。伝統的マーケティングとは、Webマーケティングに対して、チラシやテレビ・新聞広告、そのほかインターネットを利用しない従来型マーケティング活動のことです。

　伝統的マーケティングと比べたとき、Webマーケティングのメリット・デメリットは、次のようになります。

■ Webマーケティングのメリット・デメリット

メリット	デメリット
①マーケティング展開のスピードが段違いに速い ・ユーザーの反応を見ながら、すぐに修正や変更・改善などができる ②コストを低く抑えられる ・さまざまな分析ツールが無料または格安で利用でき、広告費用も、CMや新聞・雑誌、チラシなどリアルに比べると格段に小さい ③全世界を市場にできる ・世界中からアクセスできる。物理的な距離は関係ない	①売り手の顔が見えないので信用されにくい ・運営者がわかりにくく、きちんと運営していても顧客から信頼されるのに時間がかかる ②実際に体験・使用することができず、商品・サービスの価値が伝わりにくい ・においや味、使用感や体験、お店の雰囲気など、デジタル化しにくい情報は伝わりにくく、顧客に正しい価値を理解してもらうのが難しい

　このようにメリット・デメリットの両方がありますが、Webマーケティングのメリットをまとめると、

「施策の状況・ユーザーの反応を見て、すぐに何度でも修正・改善ができる。しかも、コストが伝統的マーケティングより格段に安い。さらに、どれだけターゲットを広げようが、コストは変わらない」

ということです。すなわち、Webマーケティングに取り組めば、お客様の「ほしい！」という気持ちを、少ないコストでお客様の反応を見ながら作りこめる、ということ。しかも物理的な距離を気にせず、日本中のお客様をターゲットにできます。

　Webマーケティングは、徹底的に取り組む人ほど、このメリットが大きくなります。デメリットをきちんと意識して、対策を考えながらWebマーケティングに取り組んでいきましょう。

1-2 Webマーケティングの「売れる仕組み」

➡ Webマーケティングに対する誤解を解こう

　あなたは、「Webマーケティングの目的とは何ですか」と聞かれたら、何と答えますか？

「Webからの集客を増やすこと」
「Webからのアクセス数を増やすこと」

　おそらく、このように答える方が多いのではないでしょうか。たしかにアクセス・集客を増やすことは大切です。でも、それだけでいいのでしょうか？　たとえばネットショップであれば、アクセスが増えてもだれも購入しなければ、まったく意味がないですよね。

　私の答えは「Webを利用して顧客とWin-Winな価値交換を実現すること」です。そもそもWebマーケティングとは、お客様の「ほしい！」という気持ちを作ることでした。そして、最終的に「お客様がほしいと思うモノ」を提供して、その対価を受けとることがWebマーケティングの目的となるでしょう。

　具体的には、Webサイトに集まってきた人々にさまざまな情報を提供することで信頼関係を構築し、お互いがほしいものと交換します。ネットショップであれば商品とお金の交換ですし、資料請求のサイトであれば見込み顧客の連絡先と資料を交換することになります。

　顧客と交換する「価値」はさまざまなものがありますが、ビジネスの観点からみれば、どれも最終的には売上・利益の増加につながるものです。たとえば、以下のようなものが挙げられます。

　　・問い合わせや資料請求を受けつける

・商品・サービスを購入してもらう

・メルマガ登録などで顧客リストを収集する

・リクルート（人材採用）の情報提供や申し込みを受けつける

あたりまえのことですが、「顧客と交換するもの」が異なれば、当然「Webマーケティングの仕組み」も異なります。ターゲット顧客も、扱う商品やサービスも、この本を読む方1人ひとり異なっているでしょう。つまり、それぞれが自社に最適な「Webマーケティングの仕組み」を作っていかなければならないのです。

➡ 売れる仕組みに共通する考え方「戦略ストーリー」

さきほど、それぞれの会社が自社に最適な「Webマーケティングの仕組み」を作っていかなければならない、という話をしました。「Webマーケティングの仕組み」というと何だか難しそうですが、言い換えれば、

(Webを使って) お客様に「ほしい！」と思ってもらう仕組みが「売れる仕組み」

になります。

具体的な「売れる仕組み」は、それぞれの企業によって千差万別ですが、その一方で「売れる仕組みの考え方」は、どのような場合でも共通です。Webマーケティングに取り組むすべての人、もちろんあなたにもターゲットとなる顧客がいるはずです。そして、Webマーケティングもマーケティングの一部ですから、対象となる顧客に心理を変容してもらい、そして行動を起こしてもらうことが非常に重要です。

顧客に信頼され、あなた（の会社、商品）のことを好きになってもらい、顧客のほうから「あなたとWin-Winな価値交換をさせてもらいたい！」と考えてもらう

これが、Webマーケティングの目指すところであり、その「骨組み」が、Webマーケティングによる「売れる仕組み」の考え方となります。この考え方をベースに、それぞれの目的・顧客属性・商品／サービスに合致した施策を付加することで、それぞれに最適なWebマーケティングの売れる仕組みが完成します。

　なお、筆者はどのWebマーケティングにも共通する「売れる仕組み」の考え方を「戦略ストーリー」と呼んでいます。戦略ストーリーは以降も出てきますので、内容をおさえておいてください。

➡ 売れる仕組みは、お客様の「信頼と期待」で築く

　ここでまた質問です。「顧客の心理をあなたが望む方向に変容させ行動させる」ために、ポイントとなるものは何だと思いますか？

　14ページの「Webマーケティングのデメリット」を思い出してください。「信用されにくい」「メリット（価値）が伝わりにくい」でしたね。じつは、この2つの課題をクリアにすることこそがポイントとなるのです。

　Webマーケティングに限らず、すべての商売において「顧客と信頼関係を構築する」「顧客に価値を正しく伝えて、期待してもらう」ことはもっとも重要です。その重要な2つがWebマーケティングでは実現しにくいのですから、なんとなくWebサイトを作っただけでは成果がでないのはあたりまえです。しかも、Webサイトがめずらしかった頃ならともかく、競合が増えた現在ではなおさらでしょう。

　考えてもみてください。あなたが、ある商品をネットで探しているとします。商品名で検索した結果、あるネットショップの名前が検索結果画面に表示されました。あなたは何気なく、そのショップ名をクリックします。その結果、

・ネットショップのデザインが古めかしい（信頼×）
・「会社概要」を見てみたが、住所と代表者氏名だけで情報が少ない（信頼×）

・最終更新から日が経っており、きちんとメンテナンスされていないようである（信頼・期待×）
・代表者の顔写真や挨拶文もなく、どんな人が売っているのかわからない（信頼・期待×）
・その商品が競合他社の商品と比べてどのように優れているのか具体的な記述がない（期待×）
・その商品がどこで製造されているのか、製造元の記載がない（信頼×）
・その商品をどんな人が使っているのか、ほかのユーザーは満足しているのか、「お客様の声」などのコンテンツがなくわからない（期待×）
・「特商法」や「プライバシーポリシー」など、ネットショップに法律で記載が義務づけられている表記がない（信頼×）
・決済画面には、セキュリティーが守られていることを示すマークがない（信頼×）

このような状態が散見されるネットショップだったらどうでしょうか？あなたはまちがいなく、このショップで購入することをためらうことでしょう。

・あなた（の会社）と信頼関係を構築する
・あなたの商品・サービスのメリット（価値）をきちんと認識してもらい、自分（購買者）の問題が解決できると期待してもらう

この2つの壁さえクリアすれば、Webマーケティングの目的である「Webを利用した顧客とのWin-Winな価値交換」を実現できます。つまり「信頼関係をどう構築し、期待をどう育成していくか」が、Webマーケティングで売れるための戦略ストーリーなのです。

お客様を購入まで結びつける方法

➡ お客様を5つの階層に分類する

　あなたが何かしらの価値を交換し売上を上げることができるのは、顧客が存在するおかげです。そのお客様のことを理解し関係を深めなければ、購入まで結びつきません。Webマーケティングでできるだけ手間をかけずに成果を上げるためには「どれだけ効率的に、顧客との関係性を深めていけるか」が重要です。

　関係性を深めるうえで必要なのは、まず「あなたと顧客との関係性」の状態別に顧客をグルーピングし、それぞれに最適な施策をしかけていくことです。そして、その施策で、関係性の低い状態から関係性の高い状態へと、できるだけ多くの顧客に遷移してもらえるような仕組みを作るのです。顧客の分け方は以下のような5つの層で考えると、仕組みの作り方が理解しやすくなります。

■ 関係性別5つの階層

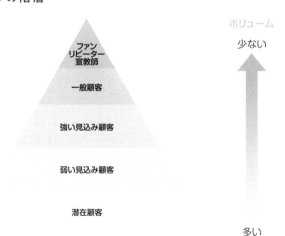

それぞれの層について説明します。

▶ 潜在顧客

あなたのことをまったく知らない顧客（候補）です。特徴をひとことで言えば「無知・無関心」。世の中一般に知られている大企業でもない限り、日本中の99.9％以上はあなたの会社を知りません。ほとんどが潜在顧客である、といえます。

▶ 弱い見込み顧客

Webやソーシャルメディア、あるいはリアルな出会いなど、何かしらのきっかけであなたの会社や商品を認知した状態です。まだ会社や商品について知らないことがほとんどであり、関心もほとんど持たれていない状態です。

▶ 強い見込み顧客

あなたの会社や商品について知識を有しており、信頼関係が構築されている状態です。きっかけさえあれば、一般顧客へと遷移する1歩手前の状態です。

▶ 一般顧客

あなたの商品・サービスを購入した状態です。

▶ ファン・リピーター・宣教師

あなたの商品・サービスを購入し、高い満足を感じてファンやリピーターとなった状態です。この状態の人は、自ら能動的によいクチコミを周りの方に広めてくれます（宣教師）。

前ページの図のとおり、一番下層の潜在顧客がもっとも人数が多く、上の層に移るにしたがって数は減少します。下の層から上の層に、すべての人が遷移することはありえません。どんなによい会社・商品・サービスで

あっても、それを必要としない人もいるからです。あなたのターゲットとなる顧客層を明確に意識し、具体的なターゲット像を明らかにしましょう。

　「ターゲットを明確にすると、上の層に遷移する顧客が減ってしまうのでは」と思われるかもしれませんが、本来のターゲットと離れた人を無理やり狙おうとしても、より上位の一般顧客やファン・リピーターには成長しません。それよりも、本来ターゲットとしている顧客層に「自分のための商品・サービスなんだ」と、他人ゴトではなく自分ゴトとして感じてもらうことのほうがよほど重要です。

➡高い確率で上の階層に遷移してもらう施策とは

　それぞれの顧客に、高い確率で下の層から順番に上の層に1つずつ上がってもらうためにはどうしたらいいでしょうか？　階層別に分解して考えましょう。

▶ ①潜在顧客→弱い見込み顧客

　知らない人に認知してもらうだけですから、まだ信頼関係が生まれる前の状態です。Webで認知してもらうには、SEOやリスティング広告などの手段があります。また、リアルで名刺交換をしたり、チラシを手にとってもらったりして認知してもらう方法もあります。Webマーケティングであっても、リアルで使える部分はうまく使うことが必要です。

▶ ②弱い見込み顧客→強い見込み顧客

　まったく信頼関係のない状態から関係を作っていきます。ユーザー数が多いので、リアルで対応するよりは、おもにITを使って効率的に信頼関係を作っていきます。

　具体的には、ブログ記事やメルマガ、動画セミナー、ソーシャルメディアなどを利用して、あなたの専門知識を提供していきます。特に、動画やソーシャルメディアなど、あなたやスタッフの顔写真がわかるものなど

は、親近感がわきやすく、効果的です。また、あなたの会社や商品の強み
も、売り込みではなく情報として提供していきます。

▶ ③強い見込み顧客→一般顧客

　さらなる信頼関係の構築が必要なフェーズです。Webサイトだけで完結
しないビジネスの場合、無料相談やセミナーなど、リアルな対応が効果的
な場合が多いです。また、「返品保証」など顧客のリスクをなくす特典の
提示など、購入の背中を押すことも必要です。

▶ ④一般顧客→ファン・リピーター・宣教師

　購入後に高い満足を感じてもらうためには、商品・サービスの満足度も
さることながら、アフターフォローが重要になります。

　満足を感じても、飽きてしまうと顧客は離れてしまいます。商品・サー
ビスにもよりますが、販売者と顧客のコミュニティを作ることで、飽きさ
せずにロイヤリティー（忠誠心）を維持する方法がよく使われます。

■ 上の階層に上がってもらうための仕組み

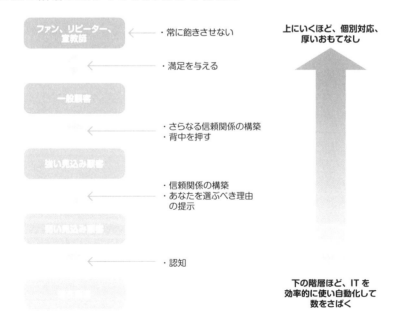

このような形で、より多くのターゲット顧客にスムーズに上の階層に上がってもらう仕組みを設計します。

　おさえておくべきことは、「上の層へいくほど人数が少なく、ロイヤリティーの高い大切なお客様」であること。下の層ほど、できるだけITを活用し、効率的に対応します。また、上の層ほど、「個別対応」「厚いおもてなし」で顧客を大切に扱います。「おもてなし」の本質は「ひと手間かける」こと。顧客は「わざわざ自分のために手間をかけてくれた」と感じることでロイヤリティーを高めます。そういった意味でも、「個別対応」「厚いおもてなし」は効果があるのです。

　また、下の階層から上の階層に顧客を遷移させる際に、ぜひ考えてほしいことがあります。たとえば、あなたが居酒屋を経営していて集客に困っていたとします。そのとき、以下のAとBのコピーが書かれたチラシ、どちらが心に響くでしょうか。

　A：「あらゆる業種において経営改善のお手伝いをします」
　B：「飲食業専門の販促コンサルタントが、売上アップのお手伝いをします」

　いうまでもなく、Bのコピーが書かれたチラシですよね。前項でもお伝えしたように、人間は「自分ゴト」と思わなければ、注意を向けたり行動を起こしたりすることはないのです。つまり、「ターゲットをとことん絞ること」が、結果的にその商品・サービスの顧客となる可能性のある人をできるだけ多く、高い確率で上の層へ遷移させることにつながるのです。

1-4 施策は「アナログ」と「デジタル」でPDCAを回す

　前項でWebマーケティングの施策について少し述べましたが、Webマーケティングは「アナログ」と「デジタル」の2つの側面があります。

　アナログ面とは、ここまで話してきた「売れる仕組み」「信頼関係の構築・期待の育成」のために実施すべき「ユーザーの感情・情緒に訴えかけること」です。つまり、心理学的なマーケティングをさします。Webマーケティングのアナログ面では、あなたの商品・サービスを必要とするユーザーが求めるコンテンツを準備したり、そのユーザーにマッチするデザインを検討したり、また、ユーザーの感情を揺り動かすライティングをしたりします。ここまでが、Webマーケティングにおける施策の検討と実行。言い換えれば、PDCAのPとD（計画と実行）となります。

　これに対し、CとA（チェックと修正）は、デジタル思考で実施しますので、このフェーズはWebマーケティングのデジタル面と位置づけられます。Webマーケティングの施策を適切に実施すると、あなたのWebサイトには多くのユーザーが訪れることになります。そこで、Webサイトの解析の仕組みを使って、

「何人のユーザーが自社のWebサイトを訪問し、それぞれがどういう行動をとったのか」

をチェックし、その内容に応じて、改善していくのです。

　たとえば、ブログ記事を読んだ後、Googleの検索画面に戻り、別の検索クエリ（キーワードのこと）で再検索するユーザーが多い場合、そのブログ記事の内容は、ユーザーが求めるものではなかった可能性が高くなります。検索エンジンから訪問してブログなどのページを読み、その直後に検索エンジンに戻る割合を「直帰率」といいますが、原則として、「直帰率」は低くすることが基本。「直帰率が高い」場合より、

「ブログのページを読んだ後、関連する記事を次々と読んでくれたほうが、ユーザーのWebサイトに対する信頼度は高まる」

と推測できますから、大勢のユーザーがどう動いたか、デジタルで確認し、望ましい行動が増加するよう改善していくことが重要です。これが、Webマーケティングのデジタル面となります。

　Webマーケティングでは、このように、アナログとデジタルでPDCAを回すことが重要になるのです。

■ WebマーケティングのPDCAサイクル

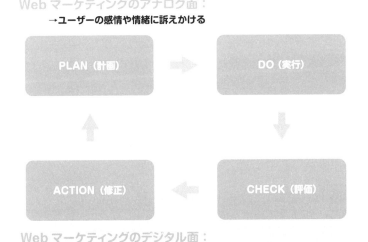

Web マーケティングのアナログ面：
→ユーザーの感情や情緒に訴えかける

PLAN（計画）　　　DO（実行）

ACTION（修正）　　CHECK（評価）

Web マーケティングのデジタル面：
→ユーザーの行動をデジタル（数値）で確認し、改善策を検討・実施する

1-5 アナログ面から見た Webマーケティング

➡「ミクロの視点」で、たった1人のユーザーに絞る

　ここでは、アナログ面でのWebマーケティングを、もう少しくわしくみていきましょう。このフェーズでは、ユーザーと信頼関係を構築するために、価値あるコンテンツの提供などが必要ですが、残念ながら万人に価値があるコンテンツ、というものは存在しません。あくまで、「ターゲット顧客にとって価値があるコンテンツ」が条件です。言い方を変えると「ターゲットに刺さるコンテンツ」となります。

　それでは、ターゲットに刺さるコンテンツがあるとどうなるのでしょうか？

　そもそも、マーケティングの最終目的は「ユーザーの心理を変容させ、行動させる（購入など）」ことでした。そして、刺さるコンテンツがあれば、

ユーザーに「自分ゴト」だと思わせる

ことができるのです。あたりまえですが、この忙しい現代社会では、だれもが「他人ゴト」と思った瞬間に興味を失います。アナログ面、すなわちマーケティングの心理学的側面では、最初のユーザーアプローチで、

「これは自分に関係あることだ！」
「自分のための商品だ！」

と思わせることが大切なのです。このことは非常に重要なので、2章でく

わしく説明いたします。

➡ 信頼感構築の基本はコンテンツとライティング

　信頼を獲得することは、相手の心の中に「あなたは信頼できる人だ」というイメージを持ってもらうことです。ビジネスにおいては、さらに

「あなたは○○（あなたの業界）の分野の専門家だ」

というイメージを持ってもらうことも必要です。たとえば、ビジネス交流会ではじめて会ったばかりの方に、そのようなイメージを持ってもらうにはどうしたらいいでしょうか？

　決してやってはいけないことは、「名刺交換したばかりの人に売り込みをかける」ことです。信頼関係ができる前にそんなことをすれば相手は逃げてしまいます。

　しかし、あなたが「あなたのビジネス（業界）に関連する興味深い知識」などをわかりやすく説明したりするとどうでしょうか？　決して売り込みではなく、情報交換の形で話をすれば、興味を持ってくれる方も多いでしょう。あなたの話がおもしろかったり、役に立ったりするほど、相手はあなたに惹きつけられます。また、相手はあなたのことを「その分野にくわしい人だ」と思うでしょう。

　つまり、「あなたの扱う業界・商品関連の知識」を話すにしても、売り込み要素があれば相手は離れていきますし、価値ある情報を提供するというスタンスをとれば、相手はあなたに近づいていくのです。

■「返報性の法則」

　このことは「返報性の法則」という心理法則でも説明できます。「返報性の法則」とは、「人は他人に何かをされると、その人に何かを返したくなる」法則です。あなたに「価値ある情報を提供してもらった」と考える顧客は、あなたに何かを返したいと考えるようになります。

　また、「ザイオンス効果」という心理法則もあります。こちらは「何度も接触している相手には親近感を持つようになる」法則です。つまり、会う回数を増やし、その度に価値ある情報を伝え続けていれば、相手はあなたに親近感を感じ、あなたのために何かをしたいと考えるようになります。こうして信頼関係が次第に構築されていきます。

　さて、ここまではリアルのビジネス交流会での話でした。リアルの世界では相手と対面し、いくらでも口答で説明できます。しかし、Webマーケティングの場合はそうはいきません。では、どうすればいいのでしょうか？

　たとえば、あなたがWeb上でダイエット用のサプリを探しているとしま

す。ネットでいろいろ検索すると、ダイエット用サプリを売っているサイトは山のようにあります。その多くが綺麗にデザインされたサイトであり、その効果の高さや「お客様の声」など、きちんと掲載されたサイトも多いでしょう。そんな中、単なる売り込み情報だけでなく、

・カロリーを抑えながらも満足感のあるダイエットメニュー
・生活の中でかんたんにできる有酸素運動の例

など、ダイエットに関するさまざまな周辺情報が充実しているサイトがあればどうでしょうか？

　最初はその店で買うつもりはなくとも、情報が頻繁に更新されていれば、毎日楽しみに閲覧するユーザーも増えていくでしょう。そしていつしかそのサイトのファンになり、ユーザーは、

「いつもいろいろな情報をもらっているから、ダイエットサプリを買うならこのサイトからにしよう」
「ダイエットに関する情報が満載だから、このサイトのスタッフはダイエットにとてもくわしいに違いない」

などと考えるようになるはずです。

　このように、Webマーケティングでは、コンテンツやライティングを使って顧客との信頼関係を構築する方法が基本となります。Webサイト、ブログ、SNSなどのメディアを通じて、テキスト、画像、動画などのコンテンツの形で「価値」を相手に届けるのです。その価値が高ければ高いほど、専門性が高ければ高いほど、相手はあなたを信頼し、専門家として期待するようになります。

　なお、戦略ストーリーをベースに、適切なコンテンツ・ライティングを制作／執筆してWebサイトを構築していく方法は、第3章でくわしく説明します。

「あなたの商品を選ばなければならない理由」を そっと伝える

あなたの気に入らない人物がどんなに正しいことを言っていても、感情的に受け入れがたい気分になったことはありませんか？

一方、あなたが好感を持っている人物の発言であれば、特段すばらしいことでなくても、すんなり受け入れられるはずです。このように、人間はある発言について「何を言ったか」より「だれが言ったか」を感情では重視するのです。

もちろん、顧客と信頼関係ができたからといって、あからさまな売り込みはいけません。あなたが価値ある情報を提供するなかに、あなたの会社や商品のUSPも言及します。USPとは「ユニーク・セリング・プロポジション」の略で、「他社にはない独自の強み」のことです。あなたのビジネスに関する知識・ノウハウを顧客に提供するなかで、

「あなたの会社の商品がライバル会社の商品とどう違うか」
「あなたの会社の商品だけの強みはなにか」

についても、売り込みではなく、きちんと情報提供するのです。あなたと信頼関係が構築できている顧客は、そうした情報をすんなりと受け入れ、

「○○の分野なら、××さん（あなた）が専門家だな」
「○○の商品を購入するときは、ぜひ××さんに依頼しよう」

と思うようになります。

前項のダイエットサプリの例で考えれば、常に有益な情報を提供することで、顧客の信頼を獲得できるでしょう。ただ、そのサイトで販売するサプリを顧客に購入してもらうには、そのサプリのUSPをしっかりと伝えることが必要です。

そのサプリは、ほかの競合と比べてどのような独自性があり、どのような強みがあるのでしょうか？

「決して損はしたくない」「賢い買い物をしたい」と思っている顧客は、残念ながら信頼関係だけで購入を決めることはありません。しかし、先にも書いたとおり、信頼関係にある人の言うことは素直に聞いてくれます。あなたも声高にならない程度に、しっかりと自分の商品のUSPを伝えることが必要です。このUSPとは、顧客がその商品を選ばなければならない理由であり、顧客の購入の背中を押すものです。なお、USPは、2章でくわしく説明しますので、そちらも参考にしてください。

▶ 断ったらもったいないほどのオファーを提示し、顧客の行動を促す

ターゲット顧客にスムーズに上の階段に上がってもらうためには、顧客との信頼関係が強化されるのをじっと待つだけではなく、「顧客が上の階段に上がりたい」というモチベーションを持つ仕組みも必要です。

そのために必要なのが「断ったらもったいないほどのオファー」です。オファーとは「申し出」「条件提示」という意味ですが、ここでは「商品の購入」や「無料相談の申し込み」、「メルマガの登録」など、ユーザーに行動を起こさせるための提案をさします。

次の図は、戸建て住宅販売の仕組みの例です。

■「顧客に行動を促す」Webマーケティングの仕組み

顧客に安心して、1歩ずつ自動的に進んでもらう設計図を描く

　この図では、戸建て住宅販売会社のWebサイトに訪れたユーザーが、オファーを段階的に受け入れながら、信頼関係構築の階段をのぼり、購買意欲を高めていくような仕組みになっています。ここでのオファーは「リスクがまったくなく、断るのがもったいない」ものでなくてはなりません。たとえば、

・メルマガ登録のオファーの例
「住宅選びでまちがわない15のポイントメルマガ　無料＆いつでも解約できる」

・イベント参加オファーの例
「××住宅展示見学会　売り込みはいっさいしません＆お子様には○○プレゼント」

など、顧客が気軽に1段1段と階段をのぼっていけるオファーであること

がポイントです。このように顧客へより価値ある情報や体験を提供することで、自動的に顧客が育成される仕組みが構築できるのです。

➡ 新時代マーケティングの鉄則は「顧客志向」

ここまで述べてきたことに取り組み、顧客の心の中に、「あなたの会社や商品の居場所」を作ることが大事です。この居場所のことを「マインドシェア」と呼びます。これからの人口減時代には、顧客の心の中にどの程度しっかりとした居場所を作れるか（＝マインドシェアをどれだけ大きくできるか）が大変重要です。

人口がどんどん増えていた高度成長時代は「市場でどれだけ自社の製品を販売できるか」という「市場シェア」が重要視されました。人口がどんどん増えるということは、市場がどんどん大きくなるということです。どの会社も新しい顧客をどんどん開拓して市場シェアの拡大を狙いました。それが売上を伸ばす最短の方法だったのです。

しかし、これからの人口減の時代は違います。市場がどんどん縮小してくるのです。顧客は増えるどころか、減っていきます。限られた顧客を、競合する企業は奪いあわないといけないのです。そのような状況では、

「既存の顧客を、どのように自社のファン・リピーターに育成するか」

が売上拡大のポイントになります。だからこそ、市場シェアよりもマインドシェアが重要視されるのです。

さらに人口減の時代には、個々の顧客のマインドシェアを増大させ「LTV（ライフ・タイム・バリュー）」を最大化する必要があります。LTVとは「顧客生涯価値」と訳されますが、要は「ある顧客が、生涯にわたってあなたの会社の商品をどれだけ買ってくれるか」ということです。個々の顧客のLTVを最大化することこそ、人口減時代に売上・利益を確保しつづける最善の方法です。顧客志向をより徹底しなければならない理由はここにあります。

デジタル面から見た Webマーケティング

➡「マクロの視点」でユーザーデータの統計に従う

前述の「戦略ストーリー」とは、

おもに心理学的なアプローチを使って、ターゲットユーザーの代表・ペルソナと信頼関係を構築し、Webマーケティングの目的を遂行するための骨組み

という位置づけでした。また、これらはWebマーケティングにおいて、おもに「計画〜実行」フェーズを担当するものだとも説明しています。

一方、実際に公開されたWebサイトには、多くのユーザーが訪問します。Webサイトは一度構築したら完成、とはなりません。訪問した多くのユーザーの動向を見ながら、くり返し改善することが必要です。

Webサイトのユーザーの動きは、Googleアナリティクスなどの分析ツールを使うことで、完全に可視化できます。これらユーザーデータの統計を見ながら、PDCAのC（チェック）とA（アクション：改善）をしていくのです。

➡「流入量の増大」×「各CVRの向上」が成功の方程式

あなたのオファーが魅力的であれば、見込み顧客はメルマガ登録してくれたり、イベントに参加したりしてくれます。このように、見込み顧客がオファーを受け入れることを「コンバージョン（成約）」といいます。

たとえば、32ページの戸建て住宅販売の仕組みでは

【Webサイトに集客】→【メルマガ登録】→【イベント招待】→【スタッフとFacebookで交流】→【無料相談】→【成約】

という流れで階段（仕組み）を設計していました。この場合、成約数を増やすにはどうしたらいいでしょうか？　この仕組みを使うことを前提とするなら、Webマーケティングには2つのアプローチしかありません。

　①Webサイトへの流入量を増やす
　②各階段をのぼる見込み顧客の確率（CVR：コンバージョンのレート）を
　　上げる（例:メルマガ登録者のうち、イベントに参加する人の割合を増やす）

　つまり、Webマーケティングの目的である売上のアップは、

「流入量の増大」×「各CVRの向上」

でのみ達成できるのです。Webサイトの分析や改善はすべて、この数値の分析と改善と考えてまちがいありません。Webマーケティングにおける分析や改善方法の詳細は第3章で学習しますが、ここではこの基本原則だけ頭に入れておいてください。

ある程度データが集まったら、あとはコツコツと小さな改善をくり返すだけ

　前項では、「仕組みの改善は【流入量の増大】と【CVRの向上】のみ」という話をしました。流入量は単純に集客を増やすしかないですが、CVRはそもそも計測することすら、最初のうちは難しいものです。というのも、Webサイトを構築したばかりで流入量が少ないと、コンバージョンが1件発生するたびに、CVRが大きく変化し、それぞれのオファーの平均CVRが計測しにくいからです。
　やはり、Webサイト構築直後であっても、広告などを使ってある程度の流入量を確保し、仕組みの中で平均的にCVRが高いところ／低いところを明確にすることが大切です。

「コンバージョンの悪い部分を突き止め、改善策を検討し実行する。そしてその結果を評価し、次の改善策に活かす」

　……よく言われるPDCAマネジメントサイクルですが、もっとかみ砕いていえば、

「あなたのビジネスのWebマーケティングの仕組みを、あなたのビジネスに最適化させ、研ぎ澄ましていく」

ということです。「なかなか結果がでないから」と焦ってWebサイトを全面リニューアルしたくなるでしょうが、そうすると過去の改善の蓄積が活かされず、ゼロからのスタートになるのと同じです。必要なことは、データに従い、少しずつ軌道修正をして小さな改善をくり返すこと。その結果、研ぎ澄まされたWebマーケティングの仕組みができあがり、他社からはマネされにくいあなたの会社独自の優位性をもった仕組みになります。

➡CVRを高めるランディングページの秘密

　突然ですが、あなたは「VTOL機」という言葉を聞いたことがありますか？

　VTOLとは「バーチカル・テイクオフ＆ランディング」の略で、日本語にすると「垂直離着陸」です。つまりVTOL機とは「垂直に離着陸できる機械（飛行機）」のことです。

　普通、飛行機は離陸にも着陸にも長い滑走路が必要です。しかし、VTOL機は、狭いスペースで、その場で上昇して発進したり、上空から垂直に着陸したりすることができます。どうしてそんなことができるのでしょうか？　その秘密は、普段は水平になって後方に噴射するジェットエンジンが、離着陸時は下に90度回転して、噴射口が地面へと向けられるのです。このため、離着陸時には噴出するジェットの量を加減しながら、

エレベーターのように上下に垂直移動できるのです。すごいですよね。

　話がだいぶずれてしまいましたが、ランディングページとは、「着陸するページ」のことです。着陸するページとは、ユーザーが何かをクリックして「最初に到達するページ」をさします。

　たとえば、「学習塾」というキーワードで検索エンジンを検索し、第1位に表示された「○○塾」という結果をクリックしたとします。その結果、○○塾のWebサイトのトップページが表示されたとすると、この場合のランディングページはトップページということになります。

　ですが、最初に表示されるランディングページがトップページでいいとは限りません。たとえば、次の図をご覧ください。

■ 検索画面の例

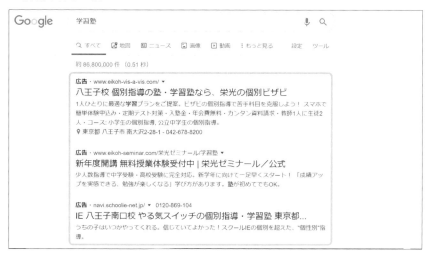

　あなたもご覧になったことがあるでしょう。検索エンジンで検索した場合、検索結果の上部や下部に、検索用語に関連のある広告がでます。このような広告を「検索結果連動広告（リスティング広告、PPC広告）」などと呼びますが、これらの広告は「検索した用語」によってランディングページを変えられます。つまり、見込み顧客が検索した用語で「見込み顧客の状況」を推測し、最適なオファーをするページを表示させられるのです。

たとえば、あなたがCRM（顧客情報管理）システムを販売するシステム業者だったとします。また、その業者の見込み顧客AとBが、以下のようなキーワードで検索しているとしましょう。

・見込み顧客A「顧客管理　方法」
・見込み顧客B「顧客管理システム　価格」

　この場合、ランディングページとして、どのようなオファーのページがふさわしいと思いますか？　見込み顧客Aの場合は、顧客管理に興味があるが、まだ具体的な解決策がわかっていない状況であると推測できます。このような場合、「課題解決を助けるセミナーの申し込み」のようなオファーが、相手の心に刺さるでしょう。一方、見込み顧客Bの場合は、すでに顧客管理システムで課題を解決するという方針が決まり、あとは導入するシステムを選択するだけの状況であると推測できます。このような場合は、あなたの会社の情報システムの価格表ダウンロードページをランディングページとしたほうがコンバージョンは上がるでしょう。

　以上のように、外部から訪問した見込み顧客のコンバージョンを上げるには、適切なオファーができるランディングページが必須です。特にリスティング広告の場合、「1クリックあたり××円」とクリックあたりで価格が決まりますから、できの悪いランディングページだと、コストが発生するわりにコンバージョンが上がらず、ドブにお金を捨てている状態になってしまいます。

　リスティング広告とランディングページの詳細は第5章で説明しますので、ここでは概要だけ頭にいれておいてください。

第 **2** 章

自社を
選んでもらうための
「戦略ストーリー」

2-1 戦略ストーリーの全体像を おさえよう

➡ 戦略ストーリーに必須な4要素

　この章では、どんなWebマーケティングにも共通する「売れる仕組み」の考え方、つまり「戦略ストーリー」をくわしく解説していきます。Webマーケティングの売れる仕組みを構築するうえで、必ず押さえておかなければならない要素は4つありますので、下図で関係性を整理しましょう。

・適切なペルソナ（理想的な顧客）
・USP（他社にはない、あなた独自の強み）
・効果的なキャッチコピー
・信頼されるためのコンテンツ（有益・専門的な情報）

■4つの要素の関係図

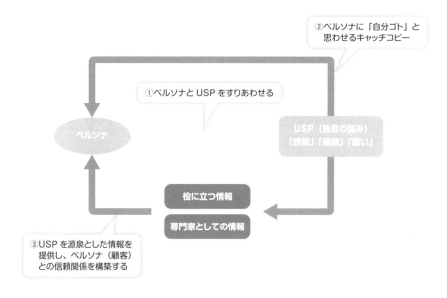

➡️ まずは、ペルソナとUSPの設定とすりあわせから

4つの要素はどれも重要ですが、そのなかでも、もっともコア（核）となるものは、

「ペルソナとUSP」

です。極端な話、この2つの関係性が適切かどうかで、あなたのビジネスの成否が決まってしまう、といっても過言ではありません。なぜでしょうか？

まず、ペルソナとは「細分化された、理想的な顧客」のこと。USPは「他社にはない、あなた独自の強み」のことです。

ここで大事なのは、あなたの設定したペルソナにとって、あなたのUSPは「魅力的で価値あるモノ」になっているか、ということです。ペルソナとUSPの整合性がとれていないと、あなたのビジネスは成功するはずもありません。変な話ですが、たとえば、どんなに優れた2日酔いの薬を作る技術を持っていたとしても、狙うペルソナが「ニキビに悩む高校生」だとしたら、まったく商売にはならないでしょう。ペルソナとUSPの整合性がとれているからこそ、顧客は商品を購入、さらにはリピートしてくれるわけです。

➡️ ペルソナとUSPは「双方向」からすりあわせる

ペルソナとUSP、どちらを優先して設定すればいいのでしょうか？　これは「ニワトリが先か、卵が先か」論争に近いものがあります。

・ペルソナが先
まずはペルソナを設定し、彼らが価値を感じるモノやサービスを提供できるようにUSPを磨く

・USPが先

　まずは、あなた自身のUSPを明確にし、そのUSPに価値を感じるペルソナを設定する

　「ペルソナが先か、USPが先か」という議論をしていると上記2つの意見が出ることがありますが、どちらも極論です。

　まったくのゼロベースで、市場や商品を作っていくならともかく、現実にビジネスを実践している方なら、ある程度想定した市場、すでに取り扱っている商品・サービスがあるはずです。そのため、現在、想定している市場（ペルソナ）と、自社の強み（USP）を、いかに整合性をとってすりあわせていくか、が重要となります。

　USPにあわせてペルソナをズラしたり、逆に、ペルソナにあう方向にUSPを磨いたり、何度も両方のアプローチをくり返して、しっくり整合性のとれた「ペルソナとUSPの組みあわせ」にしていきましょう。このペルソナとUSPの組みあわせがしっくりいっていない（整合性がとれていない）と、その後、どんなに労力をつぎこんでも、「売れる仕組み」が完成することはありません。

　　・あなたのUSPが、もっとも刺さるペルソナを設定
　　・ペルソナに刺さるように、あなたのUSPを調整

　以上のように、双方向からペルソナとUSPをすりあわせてください。

USPを源泉として、キャッチコピー/コンテンツ/選ばれる理由をペルソナに提供

　ペルソナとUSPのすりあわせができたら、次にペルソナやUSPを意識したキャッチコピーを使い、「これは自分ゴトだ」と顧客にハッとさせ、あなたのことを認識させます（キャッチコピーの作り方は後述します）。

　続いて、信頼されるためのコンテンツを提供します。第1章でも説明し

たように、「ペルソナにとって有益な情報」かつ「専門家として信頼できる情報」を継続的に提供することで、顧客はあなたのことを、

「信頼できる人だ」
「その道にくわしい専門家だ」

と認識していくようになります。

　そして、ある程度の信頼関係が構築できたら、あなたは顧客に「顧客が、あなたを選ばなければならない理由」を提示する必要があります。この「顧客が、あなたを選ばなければならない理由」とは、USPそのものです。USPを言語化し、信頼関係を構築できた顧客にわかりやすく提示しましょう。

　これらの要素はいずれも、適切なペルソナと整合したUSPを源泉として、生み出していくことになるのです。

➡ Webマーケティングの「戦略ストーリー」とは？

　ここまでの話を整理すると、Webマーケティングの「戦略ストーリー」は、以下がベースとなります。

①ペルソナとUSPをすりあわせる
②ペルソナに照準を定めたキャッチコピーでターゲットに「自分ゴト」と思わせる
③USPをベースに、有益かつ専門的なコンテンツを継続提供し、信頼関係を構築する
④信頼関係が構築できたところで、言語化したUSP（選ばれる理由）をそっと提示し、ターゲットに期待してもらう
⑤1章31ページの「断ったらもったいないほどのオファー」を提示することで、ターゲットの背中を押し、行動してもらう

このように書くとシンプルに見えますが、信頼関係や期待はすぐに醸成できるものではありません。ブログ記事・メルマガ・動画など、くり返し価値あるコンテンツを提供する、ユーザーの心理を動かすライティングを常に心がけることで、少しずつ信頼関係や期待を醸成していきます。その際、SNSなどをうまく活用すればさらに効果的なことは言うまでもないでしょう。このようなアプローチを経て、ユーザーはあなたとの信頼関係構築の階段を、1歩ずつのぼっていくのです。

　戦略ストーリーの全体像をおさえたところで、「ペルソナ」や「USP」を次節以降でさらにくわしく見ていきましょう。

通学路沿いのメガネ屋さん

ターゲットを高齢者から中高生に変更して、コンタクトレンズの売上急拡大に成功

■ 状況

地方都市郊外のロードサイドにある眼鏡店・A店は老夫婦が経営しています。おもな顧客は近隣に住む高齢者ですが、昔からのなじみの顧客がほとんど。A店は幹線道路沿いにあり、多くの車（自家用車やトラック）が往来しています。また、A店裏の道路は近隣の中学校・高等学校の通学路になっており、朝夕は多くの中高生が登下校しています。

このように、A店付近はそれなりに交通量が多いものの、肝心のターゲットである高齢者が多く集まる駅前の商業施設はA店から遠く、ほかに高齢者が寄れる店も近くにありません。新規の顧客が開拓できない状況でした。

■ 施策

A店の経営者は、商工会議所の経営相談で、販促コンサルタントに現状を相談しました。販促コンサルタントは、A店の経営者に、

「中高生の使い捨てコンタクトレンズ需要をとりこんではどうか」

と提案。そこで、A店経営者は販促コンサルタントのアドバイスを受け、店頭だけでなく、通学路沿いの店舗裏にも、

「使い捨てコンタクトレンズ、取り置きします」
「注文・入荷のお知らせはLINEでOK」
「登下校の途中で受けとれます」

といった訴求を始めました。

◼ 結 果

　A店経営者は当初うまくいくかどうか半信半疑でしたが、少しずつ中高生の顧客が増えていきました。特に、駅前の商業施設から遠い地区に住む生徒からは、

「わざわざコンタクトレンズを取りにいくために駅前までいく必要がなくなった」

と高い評判を得ています。A店経営者は、顧客となった生徒たちの意見を聴きながら、消耗品の取り扱いを始めたり「友だち紹介キャンペーン」を実施したりと、着実に「生徒たちにとって、なくてはならない店」になりつつあります。

お客様は「自分ゴト」と思わないと行動しない

▶ なぜ、毎日何千社のマーケティング情報を浴びても、まったく覚えていないのか?

　事例のA店では、「LINEで注文・お知らせ」「登下校の途中で受けとり」など、ターゲットとなる中高生に、

「これは自分にとってメリットがある!」

と思わせることで、彼らを顧客として取りこむことに成功しました。

　もともと、彼ら中高生は、A店が「中高生向けキャンペーン」を始める前から、通学路の途中にあるA店の存在を認識していました。しかし、これまで「使い捨てコンタクトレンズを扱っていますか?」と聞きに来る生徒は1人もいなかったそうです。

　このことを聞いたあなたは「そんなバカな」と思うかもしれません。しかし、あなたも含めて人間という生き物は、少しでも「自分に関係ない」と感じたものには、驚くほど認識できなくなるのです。

　世の中には、さまざまな売り込み情報があふれています。ここで言う「売り込み情報」とは、企業名・ブランド名・商品名・キャッチコピーなど、各企業のマーケティング活動で使われる情報全体だと考えてください。あなたは毎日、どのくらい売り込み情報に接触していると思いますか?

　・テレビCM
　・新聞広告、折込チラシ
　・インターネットの広告
　・電車の中吊り広告
　・街中のカンバン

朝から晩まで、我々は、じつに2,000社以上の売り込み情報を目にしていると言われています。つづけて、もう1つ質問です。

「あなたは昨日、何という企業の売り込み情報を目にしましたか？」

　…………。

　いかがでしょうか？　私は、これまで50回以上のセミナーで、この質問を受講生の方にしてきました。しかし、自信を持ってすぐに回答できた人は1人もいません。みなさん、考えこんでしまうのです。これこそ、まさに、人間が少しでも「自分に関係ない」と感じたものは認識できなくなる、たとえ認識したとしても、次の瞬間には忘れてしまっている証拠なのです。

　毎日、2,000社以上の売り込み情報を目にしながら、ほぼ記憶に残っていない……逆にいえば、「自分に関係あることだ」と思わせることが、非常に重要だということです。

➡ 自分ゴトと思わせるには、まずペルソナの発掘が大事

　それでは、「自分に関係あること＝自分ゴト」と思わせるためには、どのようにしたらいいでしょうか？

　第1章では「特定のユーザーに刺さるコンテンツ」を用意することを説明しました。たとえば、「ニキビを綺麗に治す方法」は、ニキビに真剣に悩んでいる高校生には価値がありますが、ニキビに困ったことがない方にとっては、まったく興味がないコンテンツでしょう。このように、あなたの商品を本当に必要とするユーザーを特定し、その方が求めるコンテンツを準備することが必要です。

　その際、漠然と「ニキビに困っている高校生（ユーザー群）」をイメージするのではなく、

あなたの商品を最も必要としてくれる、理想的なユーザー

として、架空の人物でもいいので、徹底的に深堀して、具体的な人物像を明らかにしていくことが重要です。

　この深堀した理想的なユーザーのことを「ペルソナ」と呼びます。ペルソナは、あたかも小説の主人公を想像するように、名前・年齢・職業・ライフスタイルなど、人物を想像をしていきます。この手順は、非常にアナログな手順ですが、いきいきとした人物像をイメージし、すべてのマーケティング・コミュニケーションを「その人物に語りかける」ように構築してください。その結果、理想的な顧客（＝ペルソナ）に向けた、全体的に世界観の統一されたWebマーケティングが実現できるでしょう。

　その結果どうなるのか？　マーケティングとはおもしろいもので、たった1人の理想的なユーザー（ペルソナ）に向けた施策が、実際の多くのターゲットユーザーの心に響きます。ペルソナと属性がドンピシャなユーザーだけでなく、その周辺の属性のユーザーにも響くのです。

　おそらく、マーケティング・コミュニケーションの統一された世界観が、人々を引きつけるのでしょう。ペルソナたった1人のために書いたコンテンツ（たとえばブログ記事）に、何千何万というユーザーが共感してくれるのです。

なぜ2日酔いサプリのチラシがターゲットの心に突き刺さったのか？

　ペルソナを適切に設定して「これは自分に関係あることだ！」と思わせることは、どれだけ大きな効果を生み出すのか、私自身の体験をもとに説明しましょう。

　私は、コンサルタントやセミナー講師などの仕事をしている関係上、さまざまな方とのつきあいが多く、夜、酒の席をご一緒することも多くあります。アラフィフのため、飲みすぎると翌日に響いてしまいます。しか

し、お客様とのつきあいですから、ついつい飲まされてしまうこともあります。

　ある夜の会合も、そんな感じで飲みすぎてしまい、翌朝、ベッドで目が覚めた時、体中が疲労感でいっぱいでした。とはいえ、その日は平日。準備をして仕事にいかねばなりません。気だるい体を起こし、玄関で新聞をとり、リビングで開きました。新聞には折込チラシが十数枚。

　私は新聞を読むとき、まず折込チラシをざっとチェックします。1枚ずつ丁寧に読むのではありません。それぞれのチラシのタイトルだけをチェックしていくのです。ほとんどのチラシが自分には関係ない・興味も湧かないチラシです。そんなチラシのことは、タイトルをチェックした次の瞬間には忘れてしまいます。

　このようにして、多くのチラシを瞬間的にさばいていくのですが、あるチラシのタイトルを見た時に、背中に電流が走りました。そこには、

朝起きた瞬間に「すでに疲れ果てている！」と愕然としたあなたへ

と書かれていたのです。これは、その時まさに私が全身で感じていたことそのものであり、「自分のことだ！」と強烈に反応してしまいました。私は、そのチラシを手にとり、本文をじっくり読みました。内容は2日酔い止めサプリの商品紹介でした。

　その後、チラシを書斎の机の上に丁寧に置いて、その朝は仕事に向かい、帰宅後、再度チラシを読んで、そのサプリを注文したのです。決して安くはない価格のサプリだったのですが、おそらく、私みたいな人物がペルソナに近い存在だったのだろう、と推測しています。具体的には、以下のようなものだったのでしょう。

> 普段から仕事に忙しく、つきあいで飲む機会も多いビジネスマン。疲れたり2日酔いになったりしても、ムリして仕事に向かわなければならない40〜50代ぐらいの方。そのような人物であるから、多少は自由にできるお金を持っている（よいものにはお金を払う）。

さらに、今回のチラシのケースでは、ペルソナの設定だけでなく、ペルソナの行動様式やマインドも、よく研究しています。というのは、上記のようなペルソナが、

「新聞の朝刊の折込チラシを読むタイミングでは、どのような行動をしているか、どのようなマインドでいるか」

を研究したうえで、その時間帯のペルソナのマインドに刺さるキャッチコピーを用意しているからです。おそらく、今回のチラシのキャッチコピーと同じ内容を、バリバリ仕事している昼すぎに目にしていたら、私はそこまで「自分ゴト」と思わなかったでしょう。

　以上が、ターゲットに「これは自分に関係あることだ！」と思わせることが、どれだけ大きな効果を生み出すのか、という事例です。「自分に関係ない」と思えば、何千万円と費用のかかったテレビCMを見てもユーザーは次の瞬間に忘れてしまいます。逆に、「自分に関係あることだ！」と感じれば、手書きのチラシであっても、ユーザーの心に深く突き刺さり、期待どおりの行動をしてくれます。
　あなたがやらなければならないことは、ターゲットとなるペルソナを緻密に設計し、あなたのチラシ・広告・Webサイトなどにユーザーが接触する際に、

ユーザーはどのようなマインドでいるのか？
どのような表現になっていれば、ユーザーは「自分ゴト」と認識してくれるのか？

これらを徹底的に考えぬくことです。

こだわりの整体院
問い合わせ0件が、週3〜4件にアップ

■ 状 況

　Bさんは整体院のチェーン店で、10年近く整体師として働いた後、地元である千葉県N市に戻り、夢であった自分のサロンを開業させました。Bさんが得意とする中国3大治療法の推拿やアロマテラピーでケアできる高級リラクゼーションサロンであり、内装にもこだわっています。

　地元で開業することもあり、友人知人を中心にクチコミで少しずつお客様が増えていきました。もちろん、Web制作業者に依頼して、推拿やアロマの効能、オシャレなサロンの内装をアピールした見栄えのいいWebサイトも構築しましたが、Webサイト経由の新規顧客はほとんどありませんでした。

■ 施 策

　N市商工会議所の売上アップセミナーでBさんは講師の先生から、

「顧客があなたのサロンを選ばなければいけない理由として、ほかのサロンにはない、Bさんのサロンだけの独自の強みを伝えなければいけない」

と教わりました。セミナーの中で自分のサロンが選ばれる理由を明文化したBさんは、その内容をWebサイトに掲載しました。

■ 結 果

　「選ばれる理由」を掲載して以降、それまでほとんどなかったWebサイト経由の問い合わせが、週に1〜2件入ってくるようになりました。そのことで自信をつけたBさんは、SEOやリスティング広告など、Webサイト

への流入数増加の施策も実施し、以前より数倍のアクセスアップを実現。現在では週に3〜4件も新規の問い合わせがくるようになりました。

2-3 自社の強みを抽出しよう

➡️ 「他社にはない自社だけの強み」を説明しないと、お客様は来店してくれません!

　事例のBさんのサロンは、どうしてWebから集客できるようになったのでしょうか。

「敵を知り、己を知れば百戦危うからず」

　孫子の兵法の言葉です。ターゲット顧客を理解するのはもちろん、あなた自身が自社や商品のことを正しく理解し、それをしっかりアピールしなければ、競合の多い成熟社会では、あなたの会社や商品を顧客に選んでもらえません。「ほかの会社にはない、あなたの会社だけが提供できる価値（強み）」があって、はじめて顧客はあなたの会社や商品を選ぶ理由ができます。このことをマーケティング用語ではUSP（ユニーク・セリング・プロポジション：独自の強み）と呼びます。

　顧客に選ばれる理由としてのUSP。これをあなたは正しく理解し表現できているでしょうか？

「他社にない自社だけの強みなんて考えたこともないよ」
「そんなものがあれば苦労しないよ」

　これまで私がコンサルティングしてきた企業の方や、私のセミナー受講者に「あなたの会社のUSPは何ですか」と聞くと、返ってくる答えはこのようなものばかりでした。

　しかし、会社の強みは考えたことがなくとも、自分自身の強みは考えたことがあるのではないでしょうか。たとえば、就職活動。ほとんどの方が

一度は体験したことがあるでしょう。自己分析をしたり、履歴書や経歴書を書いたり、なんとか「希望する企業に自分を選んでもらおう」と一生懸命に取り組んだのではないでしょうか。

　じつは、あなたの会社や商品のUSPも、就職活動と同じように考えることができるのです。ここでは、就職活動を例に、USPの抽出方法や伝える方法について考えてみましょう。

➡ ダメなUSPにはパターンがある

　就職活動で採用してもらうためには、あなた自身のUSPをどのように抽出し、伝えればいいでしょうか？

　じつは、「ほぼ落ちる」と思われるダメなUSPには典型例があります。それは、

「これまでやってきたことを時系列に淡々と挙げていく」
「自分ができることを淡々と挙げていく」

ことです。求職者の方は面談で「少しでも自分の経験や技術を多く伝えよう」と考えた結果、このようなアピールをするのでしょうが、これでは何も伝わりません。聞く側からすれば、リアリティがありませんし、何をどの程度できるのかという判断もしようがありません。また、どのようなことを考えてこれまでの経歴を作ってきたのか、その背景（人間性）もわかりません。これでは採用されるわけもないでしょう。

　USPにも戦略が必要なのです。

➡ 顧客の心をつかむUSPのポイントは「物語性」

　それでは、顧客の心をつかむUSPの戦略とはどのようなものでしょうか？　就職活動の例で言えば次のようになるでしょう。

・経歴と技術を因果関係でまとめる（○○の経験を通して、□□の技術を身につけた）

・アピールしたい経歴と技術のセットを極力1つに絞り、できるだけ具体例で説明する

・どのような気持ちで取り組んできたのか、想いや情熱を言葉にする

　以上を整理してきちんと話すことができれば、面接で採用側に「あなたがやってきたこと・できること」を理解してもらい、あなたの人間性も強く印象づけることができるでしょう。ひとことでいえば「物語」があるのです。

　人は物語が大好きです。物語があれば多少複雑なことでもスッキリ理解できますし、共感してもらうこともできます。これは、あなたの会社や商品のUSPを伝える戦略もまったく一緒です。「USP＝強み」と考えて、ただ淡々と「あなたの会社のできること」を列挙しても顧客の心をつかむことはできません。

　顧客の心をつかむためには、USPを「技術（ノウハウ）」「実績」「想い」の3つに分解し、顧客の心の中で物語として共感を生ませることが必要です。

■ USPの物語化

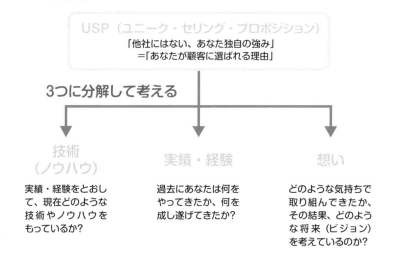

2-4 USPを引き出す魔法の質問

➡9つの質問に答えるだけであなたのUSPがわかる

「USPを技術・実績・想いの3つに分解して考えなければいけないことはわかった。でも具体的にどうやればいいのかわからない」

　そう思われるかもしれませんが安心してください。私が200社のコンサルティング、250回以上のセミナー登壇で練りあげたUSP抽出のメソッドをご紹介します。

　まずは以下の9つの質問をみてください。これはあなたの「独自技術・実績・想い」を明らかにするために必要なことを洗い出す魔法の質問です。

①あなたは、どのような経験・実績がありますか（実績）

②どうして御社のお客様は、御社を選んだのだと思いますか（総合）

③あなたが仕事をしていて、もっとも楽しい時はどんな時ですか（想い）

④あなたが仕事をするうえで、「ここだけは譲れない」ものはなんですか（想い）

⑤あなたの会社は、お客様にどう思われているでしょうか？　良い点、悪い点を挙げてください（総合）

⑥あなたの商品・サービスで、競合他社に比べて「ここだけは負けない」ものはなんでしょうか（技術）

⑦あなたの会社のファン（リピーター、優良顧客）を、ひとことでいうと、どんな特徴がありますか（総合）

⑧お客様に言われてもっともうれしかった言葉は何ですか（総合）

⑨あなたはどうして現在の仕事を始めようと思ったのですか（総合）

「今すぐペンとノートを持って、これらの質問を考えてください！」と言いたいところですが、いきなりこんな質問を出されても、どのように取り組めばいいか今ひとつわかりにくい方も多いでしょう。

　じつは、事例のBさんは売上アップセミナーの中で講師の先生に教わりながら魔法の質問に答えていったのです。実際にBさんの場合の魔法の質問の回答のケースを見てみましょう。

　最初、Bさんは「私は今の仕事が好きなだけで特に誇れるようなものは何もありません」と言っていました。そのあと、講師の先生がほんの少し支援をしながら作成してもらった魔法の質問の回答は以下のとおりです。

---

① **あなたは、どのような経験・実績がありますか（実績）**

・推拿整体師10年（広島、島根、福岡）12,000人実施、リピート率80％

・薬膳インストラクター・アロマ環境協会認定アドバイザー・環境カオリスタ

・体力・気力・精神力保持確認のため、インドに渡りヨガ、アーユルヴェーダ体験100キロウォーキング参加

② **どうして御社のお客様は、御社を選んだのだと思いますか（総合）**

・推拿とアロマテラピーで1人ひとりにあったケアができる

・細かいカウンセリング

・こだわりの内装

・日々の養生の提案

・普通のマッサージとの違い

・HP、Facebook、YouTubeでの動画、症例など

③ **あなたが仕事をしていて、もっとも楽しいときはどんなときですか（想い）**

・ふれあい

・お客様の体がどんどん元気に改善している経過を感じられる

・お客様とともに笑いあえ、元気になれる

あなたが仕事をするうえで、「ここだけは譲れないもの」「ポリシー」はなんですか（想い）

・中国医学にもとづくカウンセリング
・1人ひとりにあったケアの提案
・中国3大治療法の推拿と芳香療法のアロマテラピーでケアができる
・アフターフォロー、アドバイス（季節の養生法）
・自分でできるケア（ツボ）の紹介
・こだわりの店内内装

あなたの会社は、お客様にどう思われているでしょうか？　良い点、悪い点を挙げてください（総合）

・今までに受けたことのない施術
・症状の改善、ツボに効いている、力加減がちょうどいい、リラックスできる
・心身ともにゆったりとリラックスできる空間
・笑顔、知識、安心感、アドバイスが徹底されている
・単価が高い
・即効性がないものもある

あなたの商品・サービスで、競合他社に比べて「ここだけは負けない」ものはなんでしょうか（技術）

・1人ひとりに時間をかけて、しっかりと向きあい、カウンセリングにもとづいてケアし、日々の養生を提案できる

あなたの会社のファン（リピーター、優良顧客）を、ひとことで言うと、どんな特徴がありますか（総合）

・心身ともに元気で明るく、健康でありたいという願いを持っている

> **お客様に言われてもっともうれしかった言葉は何ですか（総合）**
>
> ・「ありがとう」の言葉
>
> ・症状がよくなっていることに対する感謝の言葉
>
> **あなたはどうして現在の仕事を始めようと思ったのですか（総合）**
>
> ・前会社の上司に勧められたから
>
> ・もともとカラダや健康、心理学に関心が高く、マッサージを受けることもとても好きだった
>
> ・施術することにも興味があった
>
> ・この世界に飛びこんでからは、知らず知らずのうちに、長い歴史をもつ「東洋医学」「芳香療法」に共感するようになった

いかがでしょうか。この回答だけ見ても、Bさんの強み・実績・想いが十分に溢れていると思いませんか。物語化される素材の原石が、そこここに散りばめられているようです。

➡ 回答をもとに「選ばれる理由」を文章にする

Bさんの回答を元に、各項目を「技術・実績・想い」の3つに分類し、文章化したUSPが以下になります。

> **中国整体とアロマテラピーの融合で、お客様の心身のバランスを整え、最高の癒しを提供します**
>
> 自宅のようにリラックスできるこだわり内装のサロンのなかで、中国3大治療法の推拿と芳香療法のアロマセラピーを組みあわせた、これまでにないリラクゼーション体験を提供します。施術の前後には1人ひとりにあったきめ細かいカウンセリングを実施し、それにもとづいてケアをおこない、自宅における日々の養生までご提案します。
>
> 今までにない施術と心身ともにリラックスできる空間で、最高のリフレッシュを手に入れてください。

Ⅱ 過去10年で12,000人、リピート率80％の実績

サービスを担当させていただくBは、これまでの10年間、広島・島根・福岡においてのべ12,000人以上の施術を担当、新規顧客の80％がリピートの実績があります。

また、推拿整体師をはじめアロマ環境協会認定アドバイザー・環境カオリスタ・薬膳インストラクターなど、推拿やアロマに関するものから食生活にいたるまで必要な資格を持ち、高い専門性があります。お客様1人ひとりに対する最適な施術やアドバイスが大変よろこばれています。

Ⅲ 1人でも多くの人に体の自然治癒力を高めてほしいという強い想いを持っています

お客様とふれあい、お客様の体がどんどん改善していく経過を感じられることに仕事のやりがいを感じています。お客様とともに笑い、元気になり、「ありがとう」の言葉をいただくことが最上のよろこびです。

より多くの方に中国整体とアロマテラピーを活かした施術をご体験いただき、体の自然治癒力を高め、ひいては1人でも多くの方に健康になっていただくために日夜研究と実践に励んでおります。

Bさん独自の強みが、物語化でいきいきと伝わってきます。これだけの「選ばれる理由」を持つリラクゼーションサロンであれば、整体やアロマに興味がある人ならぜひ一度施術を受けてみたいと思われることでしょう。

この「選ばれる理由」を見て、もっとも驚いていたのはBさん自身でした。

「私が何となくあたりまえだと思っていたことを整理すると、こんなに魅力的に見えるのですね」

これがBさんの率直な感想です。文章化したUSPでは「技術・実績・想い」を分けて記述しているので、それぞれがすっきりと理解できることでしょう。

　さらに「実績」は「技術」の裏づけ（理由）としての役目を果たし、「想い」は過去から現在、未来へと「なぜあなたがその仕事に取り組んでいるのか」「どんな気持ちで取り組んでいるのか」を説明する役目を担っています。このように「技術・実績・想い」が読み手の頭の中で関連づけられて再構成され、物語化されることでいきいきと読む人に伝わります。その結果として共感を呼ぶのです。

➡ 注意すべき4つのポイント

　それではぜひ、あなたもペンとノートを用意して9つの質問を考えてください。実際に考えるにあたっての留意点は以下のとおりです。

▶ ①定量的なデータを入れる

　BさんのUSPはできるだけ多く数値を入れています。このように定量的なデータが入ると客観性・信頼性が増して説得力が上がります。

▶ ②まずは「想い」を

　「技術や実績がない」と思う場合は、「想い」から書き出してみてください。ほかに優れたところがないなら「想いだけはだれにも負けない」ぐらいの気持ちで「どうしてその仕事を始めたのか」「どのような気持ちで取り組んでいるか」を自分自身に問いかけてください。

　悪い言い方をすれば、「技術や実績は嘘をつけないが、想いは言ったもの勝ち」のところがあります。これまで漠然とした気持ちで取り組んできた方でも、「これからはこのような気持ちで取り組んでいきたい」という想いを書きだしてください。

▶ ③強みが見つからない場合、専門分野・業界・商品の「あたりまえ」を疑ってみる

どうしても技術（強み）が見つからない場合には「これまであまり訴求されなかったポイントを訴求する」手段もあります。たとえば、アメリカのチョコレートM＆Mは、「お口で溶けて手で溶けない」という訴求でヒット商品になりましたが、他社のチョコレートも、じつは同じ特長があったそうです。

販売者が「あたりまえ」と思っていることでも、顧客に訴求できていないことは多くあります。そういったものを探しましょう。

▶ ④嘘は書かない

事実を脚色することは問題ありませんが、嘘は絶対にいけません。小さな嘘でも、それまでに築きあげた信頼をすべて失ってしまうことはよくあります。

魔法の質問を何度もくり返し、あなたの技術・実績・想いのもととなる素材を徹底的に洗い出してください。

2-5 自社の魅力を伝える「キャッチコピー」を作ろう

➡ すべてはキャッチコピーで決まる

　ネットユーザーはとてもせっかちです。新しいWebサイトに訪れたユーザーは、そのサイトが自分にとって有益かどうか、わずか3秒で判断し、「自分にとって必要ない」と感じればサイトから離れてしまいます。では、ユーザーは3秒の間に、何をもとにしてサイトを判断しているのでしょうか。

　それは、「Webサイト全体の雰囲気」と「キャッチコピー（見出し、小見出し）」です。

　Webサイト全体の雰囲気とは、デザインや構成、カラーリングなど文字どおりWebサイト全体から受ける印象です。ここでWebサイトのデザインが古くさい、色づかいが見にくいなど違和感を覚えると、ユーザーは読み進めることをためらうでしょう。しかし、デザインや色遣いといったものは、ある程度のレベルを満たしていれば、それほどユーザーの閲覧に障害になることはありません。逆の言い方をすれば、「デザインやカラーリングがすばらしいから、そのサイトの閲覧を続ける」ことはあまりないのです。

　より重要なのはキャッチコピーです。キャッチコピーを読んで、

「自分に関係するサイトなのか」
「読む価値のあるサイトなのか」

をユーザーは判断します。そして、自分にとって価値があると判断した場合のみ、本文を読み進めます。このように、Webサイトのキャッチコピーの出来次第で、あなたのWebサイトを読み進めてもらえるかどうかが決まる、といっても過言ではないのです。

➡優れたキャッチコピーの3条件

　それでは、どのようなキャッチコピーを作ればいいのでしょうか？

　先ほどの文章の中にもヒントがありましたが、次のような条件を満たしたキャッチコピーを作ることが必要です。

　①ターゲットを絞り「自分ゴト」と思わせる（適切なペルソナの設定）

　②ベネフィット（価値）を明らかにする（USPの訴求）

　③数字を使うなど具体的に表現する

　3つのポイントを具体的に説明しましょう。

　1つ目は「自分ゴト」と思わせること。2-2節でも説明しましたが、読み手は「自分に関係あるもの」と思わなければ興味を持ちません。そのためには適切なペルソナを設定してターゲットを明確にしたキャッチコピーにする必要があります。

　2つ目の「読み手にとってどのようなベネフィット（価値）があるか」を明らかにするとは、USPを表現するということです。読み手が自分ゴトと思っても、自分にとって価値がなければ興味は継続しません。ベネフィットを明確にするには商品・サービスの機能や内容ではなく、その商品・サービスを利用することで「どのような結果が得られるか」が重要です。読み手にとって「どのように望ましい状態」になるのか、そこをしっかり表現する必要があります。

　3つ目は、キャッチコピーが具体的であること。前節で説明した数字を使うこと（定量的であること）がその1つです。そのほか、できるだけあいまいな表現は避けるようにしましょう。

　この3点が読み手の注意をひき、本文へ誘導するキャッチコピーの最低条件だと思ってください。キャッチコピーは、それだけで何十冊も本が売られているぐらい奥の深いものですが、USPをもとに上記3点に気を配るだけで、効果の高いキャッチコピーができるでしょう。

　キャッチコピーの具体例として、事例のBさんのキャッチコピーをご紹

介します。3条件を加味する前と後のキャッチコピーの両方を比べてみてください。

3条件を加味する前のキャッチコピー
　　・中国3大治療法の推拿と芳香療法のアロマセラピーや、きめ細かいカウンセリングで心身ともにリラックスできるサロンです

3条件を加味した後のキャッチコピー
　　・これまでのサロンで満足できない方、最高のリフレッシュを手に入れたい方へ
　　・10年間で12,000人、80％の方にリピートして頂いた実績！
　　・中国整体とアロマテラピーの融合、きめ細かいカウンセリングとこだわりの内装で、かつてない癒しを提供するリラクゼーションサロンです

　いかがでしょうか。ターゲットとUSP、具体的な実績（数値）を意識することで、ターゲット層が本文を読み進めたくなるようなキャッチコピーに仕上がっているのが理解できるでしょう。ぜひ、あなたもUSPをベースに訴求力のあるキャッチコピーを考えてみてください。

第**3**章

検索順位を
グングン上げる
「Webサイト」の
作り方

街のメガネ屋さん

Webサイトで顧客の疑問を先回りして徹底的に説明。顧客の信頼を得て、ライバル店との差別化に成功

■ 状況

　Cさんは勤務先の会社で中間管理職を務めるアラフォーの男性です。これまで視力には自信があったのですが、最近、文字が見えにくいと感じることが増え「いよいよメガネを作ることが必要だな」と考えました。

　Cさんは奥さんと娘さんの3人家族ですが、これまで3人とも視力がよかったので、家族のうちだれ1人、メガネ屋さんにお世話になったことがありません。

　そこで、Cさん宅の最寄駅の近くにメガネ屋さんが2店（α店とβ店）あるので、そのどちらかにしよう、と思いました。Cさんはどちらの店舗がいいのか、まったくわからなかったため、それぞれのWebサイトをのぞいてみることにしました。

■ α店の場合

　まず、駅前の目立つ場所にあるα店のWebサイトからチェックしました。α店は、β店より店舗が大きく、場所もいいこともあって、いつも活気があるイメージです。検索エンジンでα店のWebサイトを見つけると、とてもオシャレなトップページが表示されました。

「なんとなく、いい雰囲気だな」

というのが、Cさんの第一印象です。

　しかし、α店のWebサイトは、ほとんどがメガネのフレームの写真やレンズの説明、そして価格情報ばかり。特に、オシャレなブランド物のフレームの写真や、モデルがメガネをつけているイメージ写真が多く、Cさ

んが満足するような情報は、ほとんど見あたりません。

　ためしに「会社概要」と書かれたページを見てみましたが、会社名と電話番号、住所だけしか記載しておらず、どういう会社が運営しているのかもよくわかりません。

　そもそも、はじめてメガネ屋さんへ訪問するCさん自身も、どんな情報がほしいのかよくわかっていないこともあり、ちょっとモヤモヤしてしまいました。

「このお店は、はじめてのお客さんはターゲットにしていないのかな？」

　実店舗の外見から親しみを持てそうな印象を持っていたCさんですが、Webサイトを見てしまうと、α店に敷居の高さを感じてしまいました。

☐ β店の場合

　Cさんは、もう1つのβ店のWebサイトをチェックすることにしました。

　β店の実店舗は、α店より奥まったところにあるため、Cさんにとって印象は薄いものでした。β店のWebサイトも「よくある、普通のメガネ屋さんのWebサイトだな」というのが、Cさんの第一印象です。

　トップページを見てみると、目立つ位置に「はじめての方へ」と書いたバナーがあったので、Cさんはそれをクリックしました。すると、「代表者のご挨拶」と書かれたページが表示されました。人のよさそうな社長さんとともに、挨拶文が書かれています。

- β店は創業35年。先代は現社長の父親であり、大手のチェーン店ではなく、地元を基盤にメガネを販売してきた会社であること
- 地元の皆さんに助けられてここまでやってきたので、微力ながら、今後とも地元のために力を尽くしていきたいこと

などが書かれていました。Cさんは「創業35年の地場の会社なら、商品に

トラブルがあっても、きちんと対応してくれるかも知れないな」という印象を持ちました。

　つづいて、そのページの下に「スタッフ紹介」というバナーがあったので、Cさんはクリックしてみました。新人からベテランの技術スタッフまで、それぞれの担当業務と仕事に対する抱負が書かれています。それぞれの笑顔の写真とともに掲載されており、Cさんは、「β店に行けば、この中のだれかが接客してくれるんだな。だれが担当してくれるのだろう」と、少しだけ親近感を感じたのでした。

　つづいて、そのページの下にあった「当店が選ばれる理由」というバナーをクリック。そこには、

　・視力測定
　・フィッティング
　・メガネのフレーム修理

などをおこなっている様子が、いくつもの写真入りで説明されていました。文章を読むと、β店は「スタッフの技術力の高さ」が一番のウリだそうで、たしかに、細やかな写真つきで修理の様子を説明されると、そのことが実感できるような気がします。

　ここまで読んで、β店にかなり好意的な感情を持ったCさんですが、一方で、

「まてよ、Webサイトを作っているのはβ店の中の人だから、都合の悪いことは書かずに、いいことばかり書いているのではないだろうか」

　という気持ちも浮かんで来ました。そこで、「お客様の声」をチェックすることにしました。「お客様の声」のページには、地元の高齢者・学生・会社員などが大勢、名前出し・顔写真つきで掲載されています。文章を読んでも、やはりβ店の技術力は高そうで、さらに丁寧な接客を受けたらしく、皆さん満足されている様子がわかります。さすがに地元のお店のWeb

ページに名前・顔出しでウソをつくことは考えにくいですから、Cさんは安心しました。

　β店は信頼できそうだ、と思ったCさんですが、一方で、当日のことを考えると、はじめて訪問する店舗のため、勝手がわからず緊張してしまいそうな気もします。そこで「店内案内」のページをチェックすることにしました。そこには、β店に入店した際、店舗内がどのようになっているか、写真入りでレイアウト説明がされていました。

　ここまで読んで、自分のメガネを作ることには疑問や不安はなくなったCさんですが、もうすぐ娘の受験の準備が始まることを思い出し、

「子どものメガネも、この店で作れるのかな？」

とふと疑問に思ったので、Webサイトの「よくある質問」をチェックしてみました。そこには、「子どものメガネも作れますか？」という質問があり、解答欄には、

「成長期にあるお子様の目にとって、メガネやコンタクトレンズは治療の一環となるケースもあります。まずは眼科に行って、適切な治療や指示を受けてください」

と書かれていました。これを読んだCさんは、「この店は、目の前の売上よりも、顧客の利益を考えているのだな」と感心しきりです。すっかりβ店を信用したCさんは、メガネを作りにいくことが楽しみになってきたのでした。

Webサイトは、ユーザーと検索エンジンを徹底的に意識する

➡ 選ばれるためには、ユーザーの「動き」に着目

　Webサイトを閲覧するユーザーの属性はさまざまです。はじめてあなたのサイトを訪問したユーザーが、そのまますぐに購入や問い合わせをすることはほとんどありません。「徹底的に検索して複数のサイトを比較する」ことがユーザーの基本動作だからです。

　それでも、あなたは「自分のWebサイトを訪問したユーザーにどんな行動を取ってほしいか」という動線を想定し、Webサイトに組みこむ必要があります。

　事例のメガネ店（β店）では、「はじめて訪問したユーザー」に向けて、明確な動線を用意していました。まず、トップページの目立つ位置に「はじめての方へ」のバナーを設置しています。そこで、「代表者の挨拶」を読んだ後に、続けて「スタッフ紹介」を読んでほしいため、次の図のように、ユーザーが動線に沿ってページ遷移をするように、各ページに誘導のボタンを配置しています。

■ Webサイトの動線イメージ

　はじめて訪問したユーザーに、あなたが訴求したいコンテンツを訴求したい順番で閲覧するように誘導し、信頼と期待を育成しているのです。また、このようなWebサイトを設計して公開した後は、

「ユーザーがどのページで離脱しているのか」

をチェックし、離脱率が高いページを集中的に改善することで、より多くのユーザーができるだけ長く動線にそって閲覧するように改良します。
　もちろん、いくら動線を改善したところで、はじめてのユーザーが購入

や問い合わせまでするのは考えにくいです。そこで、リピートユーザー（複数回Webサイトに訪れてくれるユーザー）の対策として、価値あるコンテンツを定期的に更新する仕組みを取り入れています。ほかのWebサイトとの比較をくり返しながらも、あなたのWebサイトのコンテンツのファンになってくれたユーザーは、あなたとの信頼関係を徐々に構築し、「あなたの商品だったら信頼できるし、効果がありそうだな」と期待してくれるようになるでしょう。リピートユーザーには、「あなたと取引をしよう」と確信を持つまで何度でも気が済むまでWebサイトに訪問してもらい、決断してもらうことが必要です。

■ β店のWebサイトの目的

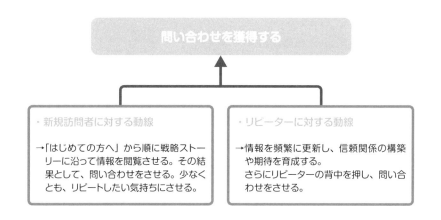

　以上のように、ユーザーごとに動線を想定し、Webサイトに組みこみ、多くの競合の中から、あなたの商品・サービスを選んでもらえるように改善をくり返すことが重要です。

ユーザーの動きを利用するには、Webサイトの 「目的」を絞る

β店のような仕組みを組みこむために、もっとも重要なことは何でしょうか？

第1章で、Webサイトにはそれぞれ目的がある、という話をしましたが、もっとも重要なのは「あなたのWebサイトの目的を1つに絞りこむこと」です。

β店のサイトの場合は「リアルの店舗に訪問してもらうこと」がWebサイト単体としての目的でした。これが「ユーザーの訪問に加え、アルバイト求人もしたい」などと考えると、とたんにWebサイトの動線が破たんします。Web解析もできません。メガネがほしいユーザーとアルバイトに応募したいユーザーは、そもそもまったく別の属性だからです。

「複数の目的がある場合、Webサイトを目的の数だけ制作する」

この基本を忘れないでください。

ユーザーが重要なのは、Webサイトのデザインなのか？

Webサイトを構築・運用する際に、1つだけ勘違いしてほしくないことがあります。それは、

「デザインや構成など、ほかのWebサイトにないユニーク（独創的）なものを作ろう」

とは、決して考えてはならないということです。もちろん、Webサイトにユニークさは必要です。しかし本当に必要なユニークさとは、デザインや構成ではなく、Webサイトに書きこまれるコンテンツです。たとえば、

・選ばれる理由（USP）

・商品紹介

・会社概要

・お客様の声

など、信頼と期待を醸成するモノの中身で、ユニークさを勝負すべきです。

　Webサイトの目的を絞り、その目的に向けた戦略ストーリーを展開するなら、効果の出るWebサイトの構成やデザインはいくつかのパターンに収束します。Webサイトのデザインや構成にユニークさは必要ありませんし、時として有害でもあります。デザインや構成に凝ってしまい、「情報が見にくく、どこにどのような情報があるのかわからない」そんな残念なWebサイトは数多くあります。

　もちろん、美容・ファッション分野など、デザインや構成も美しくてコンテンツも見やすいサイトもありますが、それらはデザイナーとWebマーケッターが協力し、多大なコストをかけて開発されたサイトでしょう。デザインや構成にそこまで力を入れることは、大企業ならともかく、中小企業ではおすすめしません。

　見込み顧客は「Webサイトのデザインや構成がいいから」という理由で、あなたの商品やサービスを選ぶことはないのです。もちろん、デザインが古くさいなど、一定の水準を満たしていないものは問題外ですが、必要以上に力を入れることはありません。むしろ、あなたが「このサイトわかりやすいなぁ」「このサイトの構成だったら、商品の良さが伝わっているなぁ」と思うサイトを洗い出し、まずは「サイトの考え方」をマネすることから入ることをおすすめします。

　そのうえで、コンテンツの作成に徹底的に力を入れるべきです。Webサイトには静止画や動画などもありますが、やはり主力のコンテンツはテキスト。あなたの書く文章で、顧客と信頼関係を作り、期待を育成することが重要です。

➡️目的のボタンはどのページからも一番目立つように

　前項でも述べましたが、デザインや構成はユニークさを狙うのではなく、「ユーザーにわかりやすい＝よくあるパターン」で十分です。特に、そのWebサイトの目的のボタンや案内は、どのページからでもひと目でわかるようにしましょう。

　β店のWebサイトは「店舗訪問者の獲得」が目的なので、ユーザーが問い合わせをしたいと思ったらすぐにアクションできるように電話番号や「お問い合わせ」の案内やボタンは、どのページでも必ず右上に出るようにしています。また、商品説明やお客様の声などの主要なページでは、文章を読み終えた顧客の気持ちが盛りあがったあと、すぐに問い合わせができるよう、ページの一番下にも配置するといいでしょう。

　販売目的や採用目的のWebサイトでも同様です。購入ボタンや申し込みボタンはどこでも目立つ位置に配置します。

　もしそうした行動を起こすための案内やボタンがどこにあるのかわからなければ、せっかく「行動を起こしたい」と考えた顧客もあきらめてサイトから離脱してしまいます。

「目的のボタンや案内が一番目立つように」

というのはあたりまえのことですが、デザインなどに凝るあまりきちんとできていないサイトが多くあります。ぜひ、あなたはそのようなことのないようにしてください。

➡️ユーザーにも検索エンジンにも好かれる Webサイトを目指そう

　Webサイトは、その目的に沿うように「ユーザーに行動してもらう」ことが必要ですから、ユーザーを意識して構築・運営するのは当然ですよね。

　しかし、それだけでは不十分です。というのも、あなたがどんなにユー

ザーに支持されるコンテンツを作ったとしても、検索エンジンで上位に表示されなかったら、ターゲットユーザーに届かないからです。

　検索エンジンで上位表示するための施策を「SEO」といいます。この本の読者の方なら、SEOという言葉は聞いたことがあるでしょう。

　では、どの検索エンジンを対象にして、SEOを取り組めばいいでしょうか？　我が国の検索エンジンのシェアは、GoogleとYahoo!で90％以上を占めています。じゃあ、対象となる検索エンジンもGoogleとYahoo!の2つかというと、そうではありません。2020年2月現在、Yahoo!の検索エンジンはGoogleのシステムを利用しています。したがって、Yahoo!での検索結果はGoogleのものとほぼ同じ。SEOも、現在我が国ではGoogleだけを対象にすれば問題ないでしょう。

　SEOを実施するうえで、忘れてはいけない原則があります。それは、

「ユーザーに加え、Googleにも好かれる対策をすること」

です。一見あたりまえのことを言っているようですが、これまでのSEOでは「検索するユーザーにとって価値のないサイトでも、Googleの裏をかいて上位表示しよう」という傾向が強い施策が多くありました。これでは、GoogleとSEO業者のイタチごっこにしかなりません。この本で説明する、本来あるべきSEOとは、

「ユーザーの期待に沿うWebサイトを作り、ユーザーにもGoogleにも好かれるサイトにする」

というものです。Googleは検索結果を決定するアルゴリズム（プログラム）を常に修正・変更しています（その理由は次ページのコラムを参照してください）。しかし、前述の原則に加え、従来からある基本的な施策をすれば、細かいGoogleの変更に右往左往する必要はありません。むしろ、日々の

Googleの変更は、Googleと敵対する業者への取り締まりですから、普段からGoogleに好かれるSEOをしていれば、「ユーザーにとって価値のないサイトが淘汰される」ことで、自然とあなたのサイトの順位が上がることさえあるでしょう。

　ぜひ、ユーザーにもGoogleにも好かれる正統派SEOの戦略と実行法を学び、実践してください。

COLUMN

なぜGoogleはどんどん対策を変えるのか？

　かつて、Googleの検索結果が荒れたことがありました。どういうことかというと、ユーザーがある用語で検索しても、ユーザーが求めるような価値の高い情報を掲載するWebサイトが上位表示されるのでなく、企業が意図的に仕組んだ営業サイトばかりが上位表示されるようになったのです。

　ユーザーがあるキーワードで検索しても、それに関する営業的なサイトばかりが上位表示されるようになってしまったら、ユーザーはGoogleを使わないようになります。ユーザーが知りたいという欲求を満たすコンテンツが表示されない検索エンジンなど、ユーザーにとって価値がありません。

　これはGoogleにとって死活問題。Googleという会社は日本円で約15兆円もの売上を上げていますが、そのほとんどは広告収入によるものです。さらに広告収入の中でも、トップはリスティング広告、つまり検索エンジンの結果表示画面に表示される広告です。

　検索エンジンの一般的なキーワード入力による検索結果（これをリスティング広告に対して自然検索といいます）に価値があるからこそ、ユーザーは検索をし、その結果としてリスティング広告を目にします。つまり、検索エンジンがユーザーに信頼されないことには、リスティング広告で稼ぐというGoogleのビジネスモデルの根本が揺らいでしまうのです。

「結果・共感・保証」を書き、ユーザーの信頼を勝ちとる

➡ Webサイトに「戦略ストーリー」を組みこもう

　第2章で説明したWebマーケティングの「戦略ストーリー」を、もう一度確認しておきましょう。

①ペルソナとUSPをすりあわせる

②ペルソナに照準を定めたキャッチコピーでターゲットに「自分ゴト」と思わせる

③USPをベースに、有益かつ専門的なコンテンツを継続提供し、信頼関係を構築する

④信頼関係が構築できたところで、言語化したUSP『選ばれる理由』をそっと提示し、ターゲットに期待してもらう

⑤1章31ページの「断ったらもったいないほどのオファー」を提示することで、ターゲットの背中を押し、行動してもらう

　あなたが構築・運営するWebサイトのすべてのページは、当然ながら、この戦略ストーリーを実現するための要素になっていなければなりません。それでは、具体的にどのようなページ構成にすればいいのでしょうか？　次の図をご覧ください。

■ 売れるWebサイトのページ構成の例

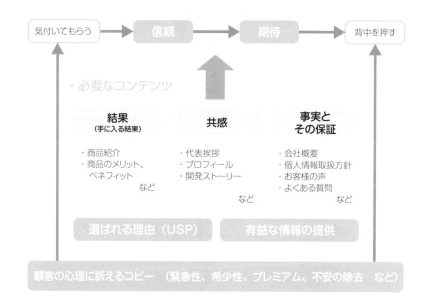

図中の以下の要素は、2章で説明したとおりです。

・顧客の心理に訴えるコピー（キャッチコピー）
・選ばれる理由（USP）
・有益な情報の提供

ここでは、次の3点を1つずつ説明していきます。

・顧客が手にできる結果
・顧客に共感してもらうためのストーリー
・信頼・期待できるに足る事実とその保証

➡ 顧客が手にできる結果を具体的に記述する

　一般的な商品・サービスの説明（機能や仕様）に加え、

「顧客にとって、どのような価値があり、ベネフィット（便益）やメリットをもたらすか」

を明確にすることがより重要です。たとえば、メガネ店の場合、フレームやレンズの性能ばかり訴求してもターゲットの心に響きません。高齢者の顧客であれば、

「目の前がよく見えるようになり、安心して生活したい」
「視力をとり戻して、アクティブに行動したい」
「孫が運動会で活躍する様子を瞼に焼きつけたい」

などの結果を手に入れたい、と考えているはずです。
　また、化粧品であれば化粧品の中に入っている成分ではなく、女性は「美しい肌」や「男性からのあこがれの視線」を手に入れたいのです。これが化粧品のベネフィットになります。
　商品・サービスのベネフィットは、つまるところ「顧客の悩み・痛みを解決する」か「顧客に快感・快適を与える」の2つしかありません。

「顧客にとって、どのような価値・便益があるか」

　これを第一に考え、「顧客」を主語にして、手に入れられる本当の価値・便益を表現してください。

➡ 顧客に共感してもらうストーリーにする

　「代表挨拶」「プロフィール」などで、「あなたの想い」や「その想いを

抱くに至った経験」「その結果獲得した技術」を物語として説明し、顧客の共感を獲得します。2章57ページを参考に執筆してください。

　しかし、特にプロフィールで、1点注意しなければならないことがあります。それは「決して自慢にならないようにする」こと。過去の経験や実績で現在があるとしても、挫折1つない成功体験ばかり書いていると自慢話のように聞こえてしまいますし、人並外れたスーパーマンには共感しにくいものです。

　もちろん、顧客によっては「あなた（の会社、商品）はすばらしい！」と感心し、評価してくれる場合もあるでしょう。ですが、あなたの周りに自分のことを自慢ばかりする人がいたら、あなたはどう思いますか？　すごい人だと思っても、度をすぎると「親しくしたい」とは思わなくなりますよね。そのような方を心から信頼することも、難しいかもしれません。

　それではどのようにすればいいのでしょうか。答えは「ギャップを意識する」ことです。ギャップとは差異のこと。現在のあなたが「信頼に足る人」「顧客に価値ある商品やサービスを届けられる人」だとしても、決して以前からそんなにすばらしい人であったわけではないでしょう。どんな人でも、過去に辛い経験や挫折、障害の1つや2つ、必ずあったはずです。そして、そのような経験を乗り越えたあなたは成長し、何かしらの想いを持っていることでしょう。

　このように、プロフィールはギャップを意識することで、物語化が明確となり、顧客の感情を揺さぶります。また、「辛い経験や挫折、障害を経験したあなた」に対し、顧客は共感することでしょう。ほとんどの方が、そういった経験をしているからです。

　たとえば、ある学習塾（コンセプトは補習専門）の場合で考えてみましょう。経営者である塾長は一流大学を卒業しています。このことは学習塾のアピールになるでしょうが、勉強の得意でない生徒や親にとって少し遠い存在に感じられるかもしれません。

　しかし、そんな一見エリートな塾長がなぜ「補習専門」というコンセプトで指導をしているのでしょうか。もしかすると、塾長も中学時代は落ち

こぼれていたり、不良だったりした過去があるのかもしれません。そうであれば、それを隠さずに、どのような経緯でそうした状態から立ち直ったのかを、恥ずかしがらずに顧客に伝えるべきなのです。

> 学校の勉強についていけず悪い友だちと遊びまわっていた時代もあったが、あるとき親がどうしてもと勧める補習塾に入った。そこの先生が、わからない問題を徹底的にかみ砕いてわかるようになるまで教えてくれた。また、勉強以外でも、悪いことをしたら本気でしかってくれたり、何か悩んでいることがあれば徹底的に相談に乗ってくれたりした。
>
> その出会いが自分を変えてくれたし、将来、昔の自分のような生徒と徹底的に向きあう仕事がしたいと思った

などとプロフィールに書かれていれば、だれもが共感するのではないでしょうか。もちろんウソはいけませんが、ぜひギャップを意識しながら、あなたのこれまでの人生を棚卸してください。

さらに、過去のあなたに共感した顧客は、あなたの商品・サービスを利用することで、現在のあなたのような「信頼できる人・他人に価値を提供できる人」になれるかもしれない、と考えるようになります。なぜなら、過去のあなたに共感することは「顧客が過去のあなたに感情移入する＝同一視する」ことです。過去のあなたと現在のあなたのギャップ（差異）の結果、生まれた商品・サービスを使うことで、顧客自身も現在のあなたと近い存在になれるかもしれないと期待します。

■ 顧客に共感してもらうためのストーリー

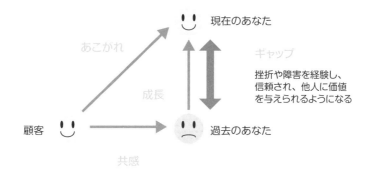

過去のあなたに共感し、現在のあなたを信頼したり憧れたりする顧客は、あなたの商品やサービスを使うことにより、「現在のあなたに自分も近づけるかもしれない」と考える

現在のあなた

あこがれ

ギャップ

挫折や障害を経験し、
信頼され、他人に価値
を与えられるようになる

成長

顧客

過去のあなた

共感

　2章のUSPのところでも触れましたが、物語には人の心を動かす力があります。ぜひ顧客に共感してもらい、信頼関係が構築できるような物語を文章にしてください。

➡ まずは「会社概要」を充実させる

　顧客は「あなたの商品・サービスが持つ価値」を理解し、「あなたへの共感」を覚えました。続いて、その価値がまちがいなく手に入り、あなたが本当に信頼するに足る、という証拠を示さなければなりません。まず必要なのは「会社概要」のページを充実させることです。

「会社概要なんて、とりあえずあればいいだろう」

などと考えている方がいたら、それは大まちがいです。

　じつは、中小企業のWebサイトで、もっともアクセスが多いのが会社概要です。顧客の心理からいえば、商品・サービスが一見よさそうに見えて

も、売り手が信頼できるかどうか、のほうがより重要です。

　たとえば、昔はまずいラーメン屋というものがありましたが、今では、どこの飲食店に行っても、それなりに美味しいものが食べられます。これだけ競争の激しい時代に、美味しくない店を選ぶ顧客はいないからです。しかし、安くて美味しい店を（だれかの紹介ではなく）たまたま見つけた場合、あなたはすぐにその店を信用するでしょうか？　「どうしてこんなに安いのだろう。もしかして悪い材料をつかっているのかな」などと、疑ってしまうのではないでしょうか。

　このように、現在の顧客は、非常に疑い深くなっています。顧客は名前を知らない中小企業だけでなく、だれもが知っている大企業やマスコミでさえ、ウソをついたり都合の悪いことを隠したりすることを知っています。そして、だれもが「騙されたくない」と思っています。騙されないためには、

「信頼している売り手であるか」
「信頼している人が紹介した売り手であるか」

が重要です。これが「会社概要」がもっともアクセスを集める理由です。

➡ 信頼アップのために充実させるべき3つのページ

　「会社概要」以外にも、以下の3つのページを充実させ、あなたの会社が信頼＆期待できることを伝えなければなりません。

▶ ①お客様の声

　あなたが「その商品・サービスはどのようなベネフィットをもたらすか」をしっかり記載しても、まだ信頼関係が構築できていない状態なら、顧客は文字どおりに受けとりません。むしろ、Webサイトに書かれているベネフィットが大きければ大きいほど、「ほんとかなぁ」と警戒するものです。

そこで、商品・サービスのベネフィットを担保するものが「お客様の声」となります。登場していただくお客様には、できれば実名・顔写真・お住まいなどを記載させてもらえるように頼んでみましょう。たとえば、学習塾のような教育機関の場合、「合格者の声」に偏る傾向があると思います。もちろん「合格者の声」は大切ですが、「詰めこみ教育で合格」した場合と「生徒の好奇心を引き出して楽しみながら合格」した場合では、その価値は大きく違うのではないでしょうか。そのような情報開示が多ければ多いほど、信頼性や説得力が増します。

　お客様の声の中で、あなたの商品・サービスから受けたベネフィットを具体的に書いてくれればくれるほど、それを読む見込み顧客の頭の中に、自分が商品・サービスを利用した時のイメージが広がり、期待がふくらみます。信頼を担保し期待をふくらませる「お客様の声」は、Webマーケティングでもっとも重要なコンテンツの1つといえるでしょう。

▶ ②よくある質問

　商品・サービスを本気で検討している顧客ほど、Webサイトを目を皿のようにしてスミからスミまで読んでいきます。最初はさまざまなサイトを流し読みしていても、最終的に、いくつかの商品（サイト）に候補が絞られます。「まちがった買い物はしたくない」と考える顧客は、それぞれを真剣に比較・検討します。

　これがリアルな店舗での購買活動であれば、わからないことは店員に質問することもできます。しかし、Webサイトでは記載されている情報がすべてです。もちろん、問い合わせフォームから問い合わせることもできますが、返信が来るまで時間がかかることを嫌うユーザーも多いでしょうし、そんなめんどうなことをするぐらいだったら、別のWebサイトで購入してしまうかもしれません。

　そこで「よくある質問」のページで、「顧客が考えるだろう疑問をすべて洗い出して答える」ことが必要です。ネットショップであれば「送料やお届けスケジュール、返品の取り扱い」などの基本的な情報はもちろんのこと、安さを売りにしているショップであれば「どうしてあなたのお店は

そんなに安いのか」、その理由も書きましょう。その理由が「流通を簡素化して生産地から直接、大量に仕入れることに成功したから」だとすれば、それをしっかり記載することで、ショップの強みの訴求にもなりますし、顧客も安い理由に納得します。疑り深い顧客は、たとえ自分にメリットがあることでも「どうしてこんなに安いのだろう」と思った瞬間に疑い始めます。「訳あり品を仕入れているから安いのではないか」「粗悪品なのではないか」など、理由を書かなければ不安に思う顧客もいるでしょう。

　一方、マイナスイメージに感じることも、説明するようにしましょう。あなたのショップが「値引きをしない」「電話でのサポートはしない」方針でやっているのであれば、それを明示し、その理由もしっかり説明します。たとえば、

「仕入れを工夫し、できるだけ適正価格となるよう日々努力しているので、いっさい値引きはしておりません」
「コストを1円でも下げて、お客様がお買い求めやすい価格を実現するために、サポートはメールだけにさせていただいております」

など、誠実にその理由を書くのです。これで、多くの顧客は不満を持つことなく、むしろあなたの誠実な態度に好感を抱くでしょう。このように顧客の疑問に徹底的にこたえ、信頼を高めていくことが重要です。

▶ ③個人情報取扱方針

　「プライバシーポリシー」ともいいます。Webサイトでお問い合わせを受けつけるときやメルマガを登録するときに、個人情報を取得しますが、その際、個人情報の収集と利用目的を記述しなければなりません。

　利用目的は「お問い合わせに対応するためだけに利用」「メルマガ送信のためだけに利用」という場合もあれば、「営業やDM送信に利用」と書く場合もあるでしょう。

　いずれにしても、収集した個人情報の利用目的を明確にし、記載した以外で利用しないことは当然です。個人情報取扱方針は、個人情報を取り扱

うWebサイトであれば必ず記載しましょう。1つひとつ、小さな信頼を獲
得していくためにも必要です。

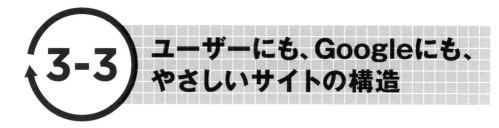

ユーザーにも、Googleにも、やさしいサイトの構造

➡Webサイトの構造を正しく伝えるために

　各ページのコンテンツと並行して、Webサイトの構造も考える必要があります。なぜなら、

「このWebサイトは、何が書かれているのか」
「Webサイトのどこに、どのようなコンテンツがあるのか」

ということを、ターゲットとするユーザーに正しく把握してもらい「このサイトは自分に関係があるものだ（自分ゴト）」と認識してもらったうえで、サイトの中身を十分に閲覧・回遊してもらう必要があるからです。
　さらに、多くのユーザーはGoogle経由であなたのサイトを見つけますから、当然Googleにも正しく構造を理解してもらう必要があります。
　そこで、ユーザーにも検索エンジンにもわかりやすい「Webサイトの物理的な構造」を考えるために、少し技術的な話をします。具体的には、

　①内部リンク
　②パンくずリスト
　③サイトマップ

の3つを説明していきます。

➡「内部リンク」が上位表示のカギを握る

　次の図はツリー状になっているWebサイトの構造図です。

■ Webサイトの構造

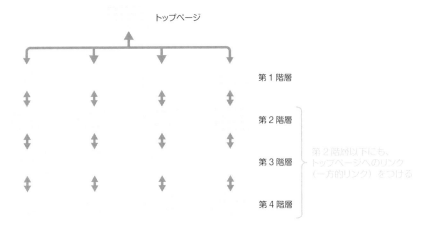

トップページ

第1階層

第2階層

第3階層

第4階層

第2階層以下にも、
トップページへのリンク
（一方的リンク）をつける

　サイト構築の際、このサイトのように3〜4階層以下（できれば3階層以下）の浅い作りにしてください。それ以上深すぎると、ユーザーもGoogleも、あなたのサイトの中で迷子になってしまいます。また、どのページにいてもすぐに目的のページに遷移できるように、Webサイト内部でリンクを貼りめぐらせることが必要です。

　特にGoogleは、Googlebot（または、クローラー）と呼ばれるプログラムが定期的に世界中のサイトをチェックしています。その時に内部リンクをきちんと貼らないと、あなたのサイト全体をスミからスミまでGoogleにチェックしてもらえなくなります。そうすると、サイトの一部のページがGoogleの検索エンジンに登録されなくなるのです。

　ぜひ、きちんと内部リンクを貼り、ユーザーからもGoogleからもすべてのページをチェックしやすい構造にしてください。

　また、上記ツリー図にあるとおり、第2階層以下のページからは「トップに戻る」などのトップページへのリンク（一方通行のリンク）をつけてください。これで、ユーザーの利便性を高めるとともにSEO的な効果も上がります。くわしくは第3-8節で説明しますが、Googleは「別のページから一方通行のリンクをもらっているページは、重要度の高いページである」

と判断しています。つまり、多くのページから一方的にリンクをもらうことで、あなたのWebサイトのトップページが上位表示される可能性が高まるのです。この手法は、トップページ以外に上位表示したいページがある場合も同じです。

「上位表示したいページには、ほかのページからのリンクを集める」

　この原則は押さえておきましょう。
　また、内部リンクを貼るときは、「あるテキスト文字をクリックしたら、別のページに遷移する」ようにしてください。このテキストを「アンカーテキスト」といいます。たとえば、HTMLの文章中に、

<a href="https://○○○.jp/">資金調達</a>

　と記述すると、「資金調達」という文字列をクリックした場合、"https://○○○.jp/"のページへリンクするハイパーテキストが作成されます。
　なぜ、このアンカーテキストが重要かというと、

「"https://○○○.jp/"というWebサイトは、『資金調達』について書かれたサイトです」

　とGoogleに伝える効果があるからです。アンカーテキストの作成は、3-7節で説明する「3種の神器タグ」と同じぐらい重要な施策です。同じ文字列が非常に多いなど不自然なケースはGoogleからペナルティを受ける可能性がありますが、適正な範囲でアンカーテキストを積極的に使っていきましょう。

➡ 「パンくずリスト」でわかりやすい道しるべを示す

　あなたは、Webサイトの閲覧中に、次のような表示を見たことはありま

せんか？

トップ　＞　商品一覧　＞　デジカメ

これは「現在、自分がWebサイトのどの階層にいるか」をわかりやすく表示したナビゲーションで、「パンくずリスト」と呼びます。変わった名前ですが、由来は童話「ヘンゼルとグレーテル」で、彼ら2人が森の中に入っていくときに帰り道で迷わないよう、パンくずを少しずつ落としていった、というエピソードからこの名前がついたようです。

　パンくずリストの各テキストはアンカーテキストとなり、内部リンクの強化に役立つとともに、ユーザーにも非常にわかりやすいナビゲーションにもなります。あなたのサイトでもぜひ導入してください。

➡ 「サイトマップ」は、ユーザー用とGoogle用どちらも用意する

　「サイトマップ」とは、Webサイトの中にどんなページがあるかを一覧にしたものです。

■ サイトマップの例

一覧表のそれぞれの要素（ページ名）はアンカーテキストになっており、サイトマップからWebサイト中のすべてのページへ1クリックで遷移できます。ユーザーだけでなくGoogleにもやさしい機能です。しかし、このような「ユーザーに見せるサイトマップ」のほかに、Googleのためだけに用意する「検索エンジン向けのサイトマップ」の存在があることは、まだ知らない人が多いのではないでしょうか。

　検索エンジン向けサイトマップとは、Webサイトにある全ページのアドレスを1つのファイルに書きこみ、あらかじめGoogleに知らせておく機能です。Googleがあなたのwebサイトの構成を正しく把握し、検索エンジンのデーターベース（インデックス）にきちんと登録される手助けとなりますので、ぜひ作成・送信しましょう。

　具体的には、以下のサイトなどで、検索エンジン向けサイトマップを作成し、Googleサーチコンソール（125ページで登録方法やURLを紹介しています）でGoogleへ送信します。

・サイトマップを作成-自動生成ツール「sitemap.xml Editor」
　http://www.sitemapxml.jp/

　作成したサイトマップのファイルは、Webサイトのルートディレクトリにアップロードしましょう。続いて、サーチコンソールを使ってサイトマップを送信します。サーチコンソール管理画面の左メニューにある「インデックス」から、「サイトマップ」を選んでください。

■ サイトマップの画面

サイトマップの画面が表示されたら、「新しいサイトマップの追加」に追加したいサイトマップを保存してあるURLを入力します。その後、「送信」ボタンを押せば完了です。

しっかり読まれて検索順位も上がるコンテンツの秘訣

「有益で信頼できる情報」を発信しているページがユーザーに好かれる

　集客した見込み顧客に、商品を購買してもらったり、ファンとして定着してもらったりするにはどうしたらいいでしょうか？

　この答えの1つとして、コンテンツを通じて価値ある情報を発信することが挙げられます。このようなマーケティング手法は「コンテンツマーケティング」と呼ばれます。この本で説明している「売れる仕組み」も価値ある情報が必要なのは同じなので、「売れる仕組み」の中で、特にコンテンツに着目したものがコンテンツマーケティングと言えるでしょう。

　それでは、「価値ある情報」とは一体どのようなものなのでしょうか？

　第2章でも少し触れましたが、

　・ペルソナにとって有益な情報
　・貴社のビジネス領域における、専門家として信頼できる情報

　以上2点が、価値ある情報です。たとえば、次のようなものが挙げられます。

■ 価値ある情報の例

飲食店	・「美味しい○○の味付けの方法」 ・「里芋を粘りを出さず煮る方法」 ・「仕入れにいく際、活きのいい□□を見分ける方法」
建売住宅販売会社	・「こんな住宅だけは買ってはいけない!プロが教える建売住宅 　選びの5つのポイント」(5回シリーズにする) ・「住宅ローン減税の上手な手引き」
「ダイエットサプリ」を 扱う会社	・「生活の中でかんたんにできる有酸素運動の例」 ・「カロリーをおさえながらも、満足感のあるメニュー」
「ニキビ治療薬」 販売会社	・「ニキビを治すための効果的な洗顔のしかた」 ・「ニキビになりにくい食生活のポイント」

　いかがでしょうか？　「もっと深く知りたい！」と感じる情報があるのではないでしょうか。このような情報を継続的に提供できれば、長期的にペルソナと信頼関係を構築できるでしょう。

▶「キーワード」を意識しているページがGoogleに好かれる

　すでに説明したように、Webマーケティングの観点では、ペルソナ（ユーザー）に好かれるだけでなく、Googleにも好かれる情報にする必要があります。それが、

「キーワードを意識してWebページを作成する」

ということです。このキーワードの選択・活用は、SEOにとって、非常に重要になります。たとえば、あなたが「社会保険労務士」という資格を取得するための学校を経営していたとします。あなたは、見込み顧客に、ど

んなキーワードでWebサイトに訪問してほしいでしょうか？

「社会保険労務士　試験対策　○○市」
「社会保険労務士　資格　スクール」
「社会保険労務士　受験　費用」
「社会保険労務士　講座　おすすめ」

　上記のようなキーワードで、あなたのWebサイトが検索エンジンの上位に表示されると、見込み顧客の訪問が増えそうですね。これらのキーワードはいずれも「社会保険労務士の資格を習得するためのスクールに関心があるユーザー」が検索しそうなワードです。あなたの作ったWebページに、このようなユーザーの訪問が増えれば増えるほど、入学に関する問い合わせも比例して増えるでしょう。

　このように、「見込み顧客に検索してほしいキーワード」を含むWebページを、あなたのWebサイトに追加していくことがSEOの基本的な考え方です。追加し続けることで、Googleなどの検索エンジンに、

「このWebページは、『○○市で社会保険労務士の受験指導をしている資格スクール』のページであり、当スクールの活動内容などについて情報発信をしています」

と正しく伝えることができます。このような「見込み顧客に向けたコンテンツを、実直に少しずつ増やしていく手法」こそが、Googleに好かれるSEOとなります。

➡ ブログ記事で、キーワードを意識しながら「価値ある情報」を発信しよう

　中小企業のWebサイトで、「役に立つ情報」「専門家としての情報」を継続的に発信していくには、ブログの活用がおすすめです。というのも、自

分で原稿さえ書けば、Web制作会社に依頼しなくてもかんたんにネット上で公開できるからです。

その際、前述のとおり「見込み顧客が検索しそうなキーワード」をブログ記事に盛りこむことが重要ですが、そうかんたんに、いくつもキーワードを思いつきませんよね。そんな時、便利に使えるのが「関連キーワード取得ツール」です。

・関連キーワード取得ツール（仮名・β版）

https://www.related-keywords.com/

関連キーワード取得ツールは無料でWeb上に公開されているため、どなたでも使うことができます。

再度、あなたが「社会保険労務士」という資格を取得するための学校を経営しているとして考えてみましょう。その場合、当然ながら「社会保険労務士の資格取得を目指している人」に、あなたのWebサイト（資格学校のWebサイト）に訪問してほしいですよね。そこで、関連キーワード取得ツールに「社会保険労務士」と入力してみましょう。

■ 関連キーワード取得ツール

画面の左側を見ると、「Googleサジェスト」として、以下のような検索キーワードが並んでいます。

・社会保険労務士
・社会保険労務士　試験
・社会保険労務士　難易度
・社会保険労務士　受験資格
・社会保険労務士　独学
・社会保険労務士　求人
・社会保険労務士とは
・社会保険労務士　合格率
・社会保険労務士　年収
・社会保険労務士　仕事

　「Googleサジェスト」とは、ユーザーが実際にGoogleで検索する際、メインとなるキーワード（今回の場合は「社会保険労務士」）とともに、同時に入力したキーワードのことです。いずれも、社会保険労務士の資格に関心のある方が検索しそうなキーワードですよね。

　この画面で見える範囲のサジェストは一部であり、「社会保険労務士」の場合、全部で600個以上もサジェストが表示されました（2019年12月現在）。なかには、「社会保険労務士　沖縄」など、沖縄で仕事をしてくれる社会保険労務士を探していると思われるキーワードもありますが、そのようなキーワードでブログ記事を書いても仕方ありません。「社会保険労務士の受験生が検索しそうなキーワードはどれか？」という観点からブログで書くキーワードを選びましょう。

　なお、さらに上級テクニックとして、「それぞれのキーワードの組みあわせ（「複合キーワード」ともいいます）が、どれぐらい検索されているのか」も知ることができます。たとえば、「社会保険労務士　難易度」の複合キーワードは、2019年12月現在、1か月に5,400回ほど、全国で検索されているようです。このように、「あるキーワード（複合キーワードを含む）が、

1か月あたり、何回ぐらい検索されているのか」を「月間検索ボリューム」といいます。

　検索ボリュームが多いキーワードほど、「悩みが多い」または「悩みが深い」ということです。ビジネスとは顧客の悩みを解決することですから、検索ボリュームが多いキーワードほど解決すべき事項であり、ビジネスチャンスがあるともいえるでしょう。月間検索ボリュームは、114ページでも説明しますので、そちらも参考にしてください。

➡ ネタ切れ知らずのブログテーマ発想法

　サジェストを参考に、ブログ記事を書くことをおすすめしますが、継続的にブログ記事を書いていく以上、いつかは適切なサジェストも尽きるでしょう。その場合、どうしたらいいのでしょうか。

　じつは、決してネタ切れを起こさないブログテーマの見つけ方があるのです。それは、毎日、その日に実施した業務での気づきなど、日々の対応を書いていくことです。特に、お客様と接する部門であれば、「その日のお客様対応の内容」や「お問い合わせの内容」などは、格好のブログ記事テーマになります。

・お客様はどんなことに困っていたのか
・どんな解決方法をお伝えしたのか
・お客様に、どのように喜んで頂けたのか
・クレームなどの場合、どんなことにお客様は不満を感じていたのか、また、それをどのように解決したのか

など、実際のお客様対応は、記事ネタの宝庫です。このように、お客様対応の経験を活かしてブログ記事を書くことには、さまざまなメリットがあります。

・オリジナルな体験がベースのため、サジェストには出てこない隠れた

キーワードを発見できる可能性がある

・記事を読んだお客様は、自分が訪問したときのことを具体的にイメージできる

・あなたがあたりまえと思ってやっている顧客対応が、じつはお客様にとっては「すごいこと」「感動すること」の可能性もあり、ブログを読んだお客様の心をつかむ可能性がある

　ぜひ、日々の業務内容、特にお客様との対応について書き、記事を継続してみてください。

➡ トレンドを知って、継続的に読まれるコンテンツにする

　顧客に「役に立つ」「注目される」情報提供を継続するのは難しいものです。「どれだけあなたの切り口がユニークか」ですが、頭で考えているだけでは、なかなかいいアイデアは浮かびません。

　そのようなときは、「現在、どんな記事が多くの人に読まれているのか」をチェックし、その切り口を参考にします。多くの人に読まれている記事をチェックするにあたっては、「はてなブックマーク」や「NAVERまとめ」などが便利に使えます。

▶ はてなブックマーク

　「はてなブックマーク」とは、株式会社はてなが運営するソーシャルブックマークサービスです。ソーシャルブックマークサービスとは、あなたのお気に入りのWebページをネット上に保存し、ほかのユーザーと共有できるサービスです。多くの人がソーシャルブックマークしている記事は、あたかも人気投票で上位にあるようなもの。はてなブックマークのトップページからかんたんにアクセスできますので、そのような人気記事を参考にしましょう。

・はてなブックマーク

https://b.hatena.ne.jp/

▶ NAVERまとめ

「NAVERまとめ」とは、LINE株式会社が提供するキュレーションサービスです。キュレーションとはインターネット上の情報やコンテンツをユーザーが収集・分類して公開することで、新しい価値を提供することです。NAVERまとめでは、ユーザーがまとめた記事にコメントをつけることもでき、多くのネットユーザーに広く公開できます。

それぞれのまとめ記事にはPV（ページビュー）がついていて、「どのまとめ記事が多くの人に読まれているか」がわかるようになっているので、あなたがチェックする記事を見つける参考になるでしょう。

・NAVERまとめ

https://matome.naver.jp/

ブログやWebの更新情報のチェックはフィードリーダーを使う

さまざまな記事やまとめをチェックしていると、定期的に更新をチェックしたいWebサイトやブログがどんどん増えていきます。数が少ないうちはブックマークから1つずつ閲覧してもいいですが、増えてくると、1つずつ見にいくだけでも大変な労力となります。

そのようなときはフィードリーダーを使いましょう。「フィード」とは、Webサイトやブログの更新情報を知らせるためのミニサイズのデータのことです。

フィードリーダーは、このフィードをキャッチすることで、あなたのチェックしたいWebサイトやブログのうち、更新されたものだけを一覧表示できます。

たとえるならば、メールソフトにWebサイトの更新情報だけを送ってくるようなもの。あなたは、表示されている更新されたページ一覧のタイトルをクリックするだけで、その更新内容を確認できるのです。更新されているかどうかわからないサイトを1つずつブックマークからチェックするより、よほど効率的にチェックできることがおわかりでしょう。

フィードリーダーには無料のものが多くあり、スマートフォン用のアプリもあります。ちなみに私は「Feedly」という無料ソフトを使っています。使いやすいのでユーザーも多くおすすめのソフトの1つです。いろいろと試してみて、自分にあったものを探してみるといいでしょう。

ユーザーの「背中を押す」ためのライティングテクニック

➡ はっとさせるキャッチコピーで、ユーザーの心をつかむ

　Webサイトで検索をくり返すユーザーは、さまざまなサイトに訪問します。しかしそのすべてのサイトをじっくり読むわけではありません。無数に存在するサイトの中から「自分にぴったりのものを選びたい」と思っているユーザーは、訪問したサイトを瞬間的に判断します。「これは自分が求めているサイトではない」と判断した場合、一瞬でそのサイトから離脱します。

　第2章でも説明したとおり、ユーザーはデザイン・構成などからくる「サイト全体のイメージ」とキャッチコピーからサイトを判断します。ただ、デザイン・構成は一定以上のレベルであれば充分でしたね。一方のキャッチコピーですが、

　①ターゲットを絞り「自分ゴト」と思わせる
　②ベネフィット（価値）を明らかにする
　③数字を使うなど具体的に表現する

以上の3条件が必要でした。たとえば、ある学習塾のキャッチコピーは、

> 「うちの子が勉強しなくて…」そんな悩みが1ヶ月でなくなります。
> 学校の授業についていけなかった子の80％が、1年後にはなんと私立中学模試にA判定！

というものです。ここには、同様の悩みを持つ生徒の親に「自分ゴト」を思わせるセリフが入っていますし、「模試にA判定」というわかりやすい結果に加え、「勉強しないという悩みがなくなる→自ら勉強するようにな

る」というベネフィットも明示されています。具体的な数値も盛りこんでリアリティを考慮しています。

　さらに、上記に加え、「ターゲットが、はっとする心理効果」を持つ言葉を使うと、より興味を持ってもらえるようになるでしょう。

・緊急性
「緊急！」「今だけ〜」「締め切りがせまっています！」

・希少性
「限定10個」「1日にわずか10個しか生産できない〜」

・権威・話題性
「○○賞3年連続受賞！」「今○○で話題！」

・プレミアム感
「特別のお知らせです」「○○の方だけに」

➡「今行動しなければならない理由」を書こう

　あなたを信頼して期待が高まった顧客に、スムーズに行動を起こしてもらうためには何が必要でしょうか？
　それは「顧客が考えるであろう不安をすべて除去すること」と「今すぐ行動を起こさなければいけない理由を提示すること」です。
　まず、「不安の除去」を考えてみましょう。期待が高まった顧客は、すぐにでもあなたに問い合わせをしたくなるでしょう。しかし、それを妨ぐものがあります。それは「問い合わせをする」という行動に対して予想される不安です。

「一度問い合わせをすると、それ以降、何度もしつこい営業電話がかかっ

てくるのではないだろうか」

など、顧客は自分が起こした行動の結果としてネガティブなイメージを抱きます。そのような不安を除去するために、あなたは、

「当社では、お問い合わせいただいたお客様への電話による売り込みはいっさいおこなっていません」

など、顧客の不安をなくすために必要なことをすべて洗い出し、記載することが必要です。
　次に「今すぐ行動を起こさなければいけない理由」を考えましょう。あなたがそうであるように、1人ひとりの顧客も日々、さまざまな用件・雑務に追われながら生活しています。あなたのWebサイトをみて「問い合わせをしようかな」と考えても、実際に問い合わせという行動を完了するためには、わずかとは言え手間がかかります。
　そうなると、

「今はやらなきゃいけないことがあるから、後にしよう」

とほとんどの顧客が思ってしまうのです。そこで、「今行動しなければならない理由」を記載します。これは、前項の「緊急性」「希少性」と同様です。たとえば、学習塾のサイトでは、

「毎月先着○名！　1日体験入学のご案内」

と募集に枠があることを明示して顧客の行動を促すことが有効です。そのほかにも、

「限定5食！　静岡産○○をふんだんに使ったスペシャルランチ」
「このアイテムは当店限定のオリジナル品で本日限りのご提供です」

など、数量・エリア・期間に制限をつけることで、今すぐ行動を促すことができるのです。

➡ユーザーの五感に訴える「シズル」を書こう

　ここからは、さらに文章を磨くために覚えておきたいテクニックを説明します。

　あなたは「シズル」という言葉をご存知ですか？

　もともとは、肉を焼いた時に肉汁がしたたり落ちる「ジュージュー」という音をあらわす英単語が語源の言葉です。それが転じて、「食欲や購買意欲を引き出す五感に訴える表現」という意味で使われています。たとえば、以下の2つの文章のうち、どちらが美味しそうに感じるでしょうか。

　A：「新鮮なレタスの上に、蒸したエビが乗っている」
　B：「瑞々しい水滴が光る今朝とれたばかりのレタスの上に、身がプリ
　　　プリと弾けそうで、熱々の蒸気がホワホワと立ちのぼっているエビ
　　　が乗っている」

　後者のほうが断然イメージがわくでしょう。もちろん、文章だけでなく、画像や動画、イラストなどがあれば、より読み手にわかりやすく訴えることができます。しかし、写真集ならともかく、画像だけで商品説明が完了することはありません。すてきな商品画像の横に抽象的で不親切な文章が添えてあると、かえって読み手の心が冷めてしまうこともあります。人は、イメージしやすくわかりやすい文章を読んで心（腑）に落ちると共感を覚えます。
　ぜひあなたも、五感に訴える文章になっているかどうかチェックするようにしてください。

➡️「心理法則」は使いすぎに注意する

　ここまでターゲットの注意をひいたり、背中を押したりする場合に有効な心理効果を持つ言葉について説明しました。それ以外にも、文章作成のさまざまな場面で使える心理法則があります。ここでは、すでに出てきたものも含め、それらを一覧にします。

①返報性の法則	人は相手が好意的に接してくれると、その好意に報いたいという気持ちになる（第1章28ページにて言及）
②ザイオンス効果	相手を目にする回数が増えるほど、親近感が増すこと（第1章28ページにて言及）
③希少性の法則	希少価値が高いものにひかれること（本章106ページ言及）
④一貫性の法則	矛盾のない一貫的な行動・発言・態度を貫こうとすること
⑤ハロー効果	商品やブランドの背後にある、後光や威光に影響されて判断すること。本章106ページ記載の「権威・話題性」と近い効果を持つ
⑥デモンストレーション効果	周囲にいる憧れの人や有名人などが身につけているものを望むような欲望
⑦バンドワゴン効果	多くの人がその商品やブランドをもっていることが、購入を動機づけること。本章106ページ記載の「権威・話題性」と近い効果を持つ
⑧カリギュラ効果	あることを禁止されると、かえって人はそれをしたくなるという心理効果 キャッチコピーの例）「まだ家は買うな！」
⑨コントラスト効果	普段なら高く感じる商品が、別の高額商品を見た後なら安く感じるという効果
⑩相対性の法則	「おとり」となる商品を「売りたい＝本命」商品と並べ、本命を選択させる方法
⑪ザイガニック効果	未完成なものを完成させたくなる心理を利用した効果 キャッチコピーの例）「1年以上肥満で悩んでいた私がこの薬を飲んで3日後になんと……」

　さまざまな心理法則がありますが、特にあなたの自社サイトなど、ブランドを大切にしたいサイトや顧客にくり返し訪問してほしいサイトでは「顧客に対する価値」の訴求をメインと考え、心理法則の利用はサブとするようにしましょう。

一方でランディングページのうち広告から誘導する期間限定ページやチラシなど、顧客が何度も閲覧するものではなく、短期的に顧客からのレスポンスを高めたい場合は、あえて心理法則を多く使ったほうが効果的な場合もあります。その場合でも、きちんと顧客の立場に立ち、顧客が後々になってあなたに不信感を抱かない範囲で利用するようにしましょう。

3-6 さらに検索順位を上げるための「キーワード戦略」

➡ SEOのポイントは3つだけ

ここからは、さらにGoogleを意識したSEOを見ていきましょう。SEOのポイントは以下の3つとなります。

①キーワード選び
②内部施策
③外部施策

このうち、①は戦略、②③は実行です。

①の戦略（キーワード選び）が成功すれば、SEOは半分以上成功したといってもいいでしょう。ただし、そのキーワード選びが正解だったかどうかは、リスティング広告を出稿して反応を見たり、②と③を実行したりして結果をみるまではわかりません。最初に考えた戦略を実行して100％満足という結果には通常なりませんから、何度も①→②③をくり返し実行し、よりよい施策にしていくことが必要です。

ここでは、②内部施策、③外部施策の概要を説明します。

▶ ②内部施策

あなたのWebサイトの内部を検索エンジンに最適化することで、上位表示を狙う施策です。サイトのHTMLファイルを最適化して「このサイトは何について書かれているのか」を検索エンジンに正しく伝えたり、検索エンジンがサイト内にあるコンテンツをスムーズにチェックしたりできるようにします。

3-4節で説明した「コンテンツマーケティング」も、広い意味での内部施策の1つと言えるでしょう。

▶ ③外部施策

　あなたのサイトに対する、ほかのWebサイトからのリンクを増やすことで、検索エンジンでの上位表示を実現する施策です。

　Googleなどの検索エンジンは「ほかのWebサイトからより多くのリンクをもらっている（被リンクの多い）Webサイト」を価値あるサイトとみなし、検索エンジンで上位表示させようとします。これは、「多くのサイトからリンクされているWebサイトは、きっとユーザーにとっても価値あるサイトに違いない」という、いわば人気投票的な考え方です。

　しかし、このGoogleの考え方を逆手にとり、価値の低いサイトの管理者が業者にお金を支払い多くのリンクを貼らせる、というような事態が多く発生しています。そのため、Googleはガイドラインを設け、業者からリンクを買うような方法をとったWebサイトにペナルティを与えるなどの対策をとっています。外部施策では当然ながら、Googleからペナルティを受けない正しい方法でリンクをもらう必要があります。

　先ほど、「キーワード選びでSEOの成果の半分以上は決まる」と書きましたが、実際に時間がかかるのは、内部施策や外部施策です。SEOの実施に終わりはありませんが、施策の実現方法はある程度確立していますので、この本を読んできちんと実行すれば結果はついてくるでしょう。

➡ 狙うべきは、ライバルが少なく、ユーザーのマインドにあうキーワード

　それでは、SEOの戦略部分にあたる「キーワードの選定方法」を説明していきましょう。キーワードの選定方法は97ページでも言及しましたが、ここではより掘り下げて説明していきます。

　まず、狙うべきキーワードとは「ライバル企業があまり注目していなくて、お客様のマインドを適確につかんでいるキーワード」です。たとえば、私はWebコンサルですから、「SEO」というキーワードで私のWebサイトがトップになればうれしいです。しかしながら、このようなキーワー

ドはライバルが多いことが容易に想像つくでしょう。このようなキーワードの検索結果で上位表示させるのは、並大抵の努力では不可能です。だからといって、お客様がまったく検索しないキーワードで上位表示できたとしても、それは無意味ですよね。だからこそ、「ライバルが少なく、それでいてお客様が検索してくださるキーワード」を見極めることが重要なのです。

　では、具体的にはどのようにすればいいのでしょうか。以下の4つのポイントが基本的な戦略になります。

①まずは、徹底的にターゲット顧客の気持ちになって考える
　→実際のお客様に、どのようなキーワードで検索しているかを聞くことも非常に有効です。

②その商品に関する雑誌や書籍、Webサイトの記事などを読む

③類語辞典を使う
　→Web上にも類語辞典はあります（例：https://thesaurus.weblio.jp/）。

④リスティング広告を出稿し、売れるキーワードを見極める

　①に挙げた、ターゲット顧客の気持ちになってキーワードを考えてみると、よほどマニアックなものを除いて、1語だけではなく、2〜3語で考えるのがいいでしょう。前述のとおり、これを複合キーワードといいますが、一説によると、毎回1語だけで検索する方は、全体の5％しかいない、という説もあります。

　たとえば、あなたが花屋さんだったとします。「花」という単語を検索キーワードにしたら、どうなるでしょうか？　確認したところ、本書執筆現在、検索結果では29億個以上のWebサイトが出てきました。そのWebサイトの中には花の販売とは関係ないサイトも多いでしょうし、そもそも「お花を買いたい」と考えている方が、「花」とだけ入力して調べるでしょ

うか？

　おそらく、実際の花屋さんで購入したい方は、たとえば、中央区にお住まいの方なら「花　中央区」「花屋　中央区」などと入力するでしょう。通販で買いたい方なら「花　通販」と入力するかもしれませんし、さらにターゲットを絞る場合「花　通販　誕生日」など、語数を増やすのもいいでしょう。

　いかがでしょうか？　このように複数のキーワードを検索エンジンに入力する人のほうが、よほど購入につながる可能性が高いですよね。しかもキーワードを絞ると、ライバルが少ないので、上位表示されやすくなります。ぜひ、あなたも「顧客目線」で、キーワードを検討してみてください。

➡ 検索キーワードがどのぐらい検索されているかを調べる

　あなたの（会社の）Webサイトにぴったりな、顧客に検索してほしいキーワードの案は思いつきましたか？　ライバル会社が使っていないキーワードで、かつ、顧客が検索に利用するキーワードを見つけることができたなら、検索結果の上位表示を早い段階で実現することも夢ではありません。

　ただし、どんなにすばらしいと思われるキーワード候補を見つけても、それが本当に「ある一定以上の回数」で潜在顧客から検索されていないと意味がありません。せっかく、あるキーワードで上位表示できても、だれもそのキーワードで検索してくれなければ、まったく意味がないからです。

　では、いったいどうすれば、検討したキーワードが「どのぐらいの回数（ボリューム）で検索されているか」調べることができるのでしょうか？

　ここでは「aramakijake.jp」というツールをご紹介します。aramakijake.jpのトップ画面からキーワードを入力すると、GoogleおよびYahoo!の月間検索数（月間検索ボリューム）の予測が表示されます。さらに、Googleや

Yahoo!の検索結果画面で、あなたのWebサイトがそのキーワードで1位から50位までランクインした場合「どれぐらいアクセスがあるか」の目安も教えてくれます。

・aramakijake.jp
http://aramakijake.jp/

　今回は「花屋　新宿」というキーワードを入れてみます。上記画面の入力欄にキーワード候補を入力し、下側の「チェック」をクリックしましょう。

■ aramakijake.jp　チェック結果

　「花屋　新宿」の月間推定検索数は、「Yahoo!　468回」「Google　430回」と結果が表示されました。また、その下には、あなたのWebサイトがランクインした場合の月間検索アクセス予測数も表示されています。

　これらの数値はaramakijake.jpが独自計算しているもののため、あくまで目安ですが、参考になることはまちがいないです。これが無料で使えるのですから使わない手はありません。ぜひ使いこなして、ライバルより先に有望なキーワードを見つけてください。

　また、もしGoogleに広告を出稿するなら、「Googleキーワードプランナー」もおすすめです。ただ、Googleに広告を出稿していない場合、あいまいな検索数（例：月間検索数が1,000〜1万回など）しか表示されなくなっていますので、注意してください。

・キーワードプランナーへのアクセス方法

「Google広告」にログイン後、「ツールと設定」＞「プラニング」＞「キーワードプランナー」を選択

➡️ 「クリック率」を考えてキーワードを選ぶ

　ここでは、キーワードの選定における「おちいりやすい間違い」を考えてみましょう。まず、あなたが「きのこを販売しているネットショップ」を経営しているとします。そして、すぐに販売につながるキーワードを探しています。今回、あなたは以下3つのキーワード候補を考えたとしましょう。

　① 「きのこ」
　② 「きのこ　調理」
　③ 「きのこ　通販」

　ちなみにGoogleでそれぞれのキーワードでヒットするサイト数は、以下のとおりでした。

　① 「きのこ」……………約40,900,000件
　② 「きのこ　調理」……約21,700,000件
　③ 「きのこ　通販」……約7,440,000件

　あなたはこの3つのキーワードの中で、どれがもっとも「適切なキーワード」だと思いますか？

　まず、除外しなければいけないのは②「きのこ　調理」です。検索するユーザーの気持ち（検索意図）を考えてみてください。「きのこ　調理」と入力して検索するユーザーは「きのこの調理法」を調べようとしている方がほとんどでしょう。つまり、ネットショップですぐに売上には貢献しな

いと考えられます。

　もっとも、ネットショップに「さまざまなきのこの調理方法」というコンテンツを作った場合、そのコンテンツを見たいユーザーが集まってくるかもしれませんが、そのユーザーは「弱い見込み顧客」や「潜在顧客」にあたると考えられます。これから時間をかけて信頼を構築すれば、売上に貢献するユーザーになるかもしれませんが、基本的には「調理法を知りたい」というものが現在の彼らのマインドのため、今すぐには売上につながりにくいのです。

　それでは、残りの「きのこ」と「きのこ　通販」も考えてみましょう。これは、ちょっと悩ましいかもしれません。おそらく、「きのこ」のほうが、検索ボリュームも大きいでしょう（後ほど、aramakijake.jpで確認します）。しかし、「きのこ」とだけ入力して検索される方は、通販で買いたい人もいれば、調理法を知りたい人もいます。中には、どこでとれるのか場所を知りたい人もいるかもしれません。

　要は、「きのこ」だけで入力された場合、こちらからは「ユーザーの目的を図りかねる」のです。その結果、キーワードに設定して頑張ってSEOをしてみても、Webサイトに訪れてくれた流入数に比べ実際に購入してもらえる確率は少なくなるでしょう。

　一方の「きのこ　通販」ですが、こちらは、おそらく「買う気マンマン」の方が多いと想定できます。検索回数の絶対数は少ないかもしれませんが、購入に結びつく確率は高いと言えます。ただ、検索ボリュームの絶対数がどれぐらいであるのかが気になるところですね。ここで、この3つのキーワードの検索ボリュームをaramakijake.jpで確認してみましょう。

①「きのこ」…………月間検索ボリューム　49,550件
②「きのこ　調理」……月間検索ボリューム　33件
③「きのこ　通販」……月間検索ボリューム　154件

以上の結果が出ました。やはり、「きのこ」の検索数が圧倒的ですね。一方、「きのこ　通販」は月間154件ですから、これだとボリューム的に

小さすぎます（月間1,000件はほしいところ）。私ならキーワード「きのこ通販」を短期的に狙いながら、「きのこ」でも中長期的に上位表示を狙っていく、という目標を立てます。

　ただし、やってはいけないことが、1つだけあります。リスティング広告への出稿を考える際に、「きのこ」のキーワードでリスティング広告を出稿してはいけない、ということです。「きのこ」とだけ入力して検索する人のニーズはさまざまですから、「きのこ　通販」などのキーワードに比べて、きのこのネットショップの広告に対するクリック率は低くなってしまいます。くわしくは第5章で説明しますが、これは「広告の品質スコア」を下げる要因となります。

　リスティング広告を出すのであれば、「きのこ　通販」をはじめ、「きのこをネットショップで買いたい」と考えているユーザーのマインドに適合するキーワードで出稿することです。

　そういった複合キーワードは一般に検索ボリュームも少なく、1つひとつのキーワードに対するクリックの絶対数も少ないでしょう。しかし、そういったキーワードを集めることで、広告の品質スコアを上げながら（＝コストを抑えながら）、成約見込みの高い多くのユーザーをあなたのWebサイトに誘導できるはずです。

3-7 あなたのWebサイトをギリギリまで最適化する「内部施策」

➡ 適切なキーワードを「3種の神器タグ」に入れる

　検索エンジン（Google）はWebサイトをページ単位で評価します。よって、まずは各Webページで、

「そのページには何について書いてあるのか」

をGoogleに正しく伝えることが内部施策の第一歩であり、もっとも重要なことでもあります。では、検索エンジンはWebページの「どこを」みて、そのページに書かれてあることを判断しているのでしょうか？

　もっとも重視されているのが、HTMLファイルの中にある「タイトルタグ」「見出しタグ」「メタディスクリプションタグ」の3つです。これを私は「内部施策の3種の神器タグ」と読んでいます。

　それぞれをかんたんにイメージするために、各ページを雑誌にたとえると、

- ・タイトルタグ…………………………雑誌名
- ・見出しタグ……………………………雑誌の記事の見出し
- ・メタディスクリプションタグ……その雑誌の概要（新聞広告に記載されるものなど）

になります。

▶ タイトルタグ

　それでは、タイトルタグから具体的な説明をします。タイトルタグとはそのWebページのタイトルを設定するタグのことです。

■ タイトルタグ

　タイトルといっても、人間の目につきやすいように、HP上部に目立つように書く文字のことではなく、上図の線で囲んだ部分のことです。また、Googleなどの検索結果画面にも表示されます。

　人間には、あまり目立たないかもしれませんが、Googleとっては、文字通りWebページのタイトルなわけですから、たいへん重要視するわけです。あなたのWebページには、ちゃんとタイトルタグが設定されているでしょうか？　Webサイトのソースを見て、ないようでしたら、きちんと設定してください。以下は資金調達コンサルタントのWebサイトにおける入力例です。

<title>資金調達　○○市｜○○市内で資金調達の相談なら　E経営コンサルティング事務所</title>

　タイトルには必ず「キーワード」を含めてください。すでに学んだようにキーワードとは、

「お客様に検索してもらいたい文字列（文章）」

「検索エンジンの上位に表示させたい文字列」

のことです。キーワードはできるだけ左側（先頭）にあるほうが効果は高くなります。一方で、キーワードを詰めこみすぎて不自然な文章にはしないでください。キーワードは1回〜2回入っていれば十分ですし、それ以上多いと不自然でスパムとみなされるおそれがあります。

▶ 見出しタグ

「見出しタグ」は雑誌の見出しに相当するものです。大見出しに当たる「h1」タグを始め、小見出しに当たる「h2」〜「h6」タグまであります。

通常「h1」タグは1つのページの中で1つだけ使います。雑誌の1つの記事に大見出しが1つなのと同じです。

一方、小見出しは1つの記事の中に複数ありますから、「h2」〜「h6」タグは1ページの中で複数回使ってかまいません。ただ、「h2」〜「h6」タグは数字が大きいほど見出しのレベルが小さい、というルールがあります。

たとえば、記事の中で1つのトピックを書く場合、最初に「h2」タグの小見出しをつけます。そのトピックの中で、小見出しが必要な場合「h3」タグを利用します。さらに「h3」タグの中にも小見出しが必要なら「h4」タグを利用する、といった関係になります。

1つの記事の中に複数のトピックがある場合、いずれも冒頭に「h2」タグを利用した小見出しを書くことになるのです。

見出しの書き方は以下のような形式で、キーワードを含めて書きましょう。ユーザーが目にする文章ですから、自然な日本語かつ魅力的なコピーになるようにしてください。

<h2>社会保険労務士の仕事の魅力を徹底解説</h2>

▶ メタディスクリプションタグ

3種の神器の最後は「メタディスクリプション」タグです。こちらは雑誌でいうと「概要」のことでした。Webサイトの場合は、検索エンジンの検索結果に、あなたのWebサイトが表示された場合の、「説明文」を記述します。

検索結果ではどのように表示されるのか、例をみてみましょう。次の図はWebサイトがGoogleに表示された時の様子です。線で囲んであるモノが、「サイトの説明文」にあたります。

■ メタディスクリプションタグ

ここに、わかりやすい説明を書いておくことで、お客様は「あなたのWebサイトに訪問するのか、しないのか」を判断するのです。とても重要ですよね。ここでもキーワードは必須です。私の場合は、以下のような概要を書いています。

<meta name="description" content="Webコンサルティング、Webマーケティング支援、Web集客の専門会社。SEO対策、リスティング広告やソーシャルメディアを活用して集客・販促・売上・リピーター養成まで大きな成果を上げる「売れる仕組み」を提供します。代表は中小企業診断士。">

日本語の説明部分を、あなたのWebサイトにあうように書き換えて、HTMLファイルの<head>タグと</head>タグの間に挿入してください。

　とはいえ、Googleの検索結果に表示される説明文と、メタディスクリプションタグに入れた日本語の内容が必ず一致するわけではありません（Googleからその理由は説明されていません）。しかし、SEO対策としても意味がありますので、ぜひトライしてみてください。

▶ Googleサーチコンソールを利用して、流入キーワードの確認や内部施策の状況をチェックする

　あなたのWebサイトに「どのようなキーワードで、何回ぐらいユーザーが流入しているのか」気になりますよね。また、あなたがSEOの施策を実施しても、それがきちんとGoogleに認識されているかどうか確認できないと不安ですし、また闇雲に取り組むだけではモチベーションも上がりません。

　Googleは「サーチコンソール」というWeb担当者向けツールを提供しています。このサーチコンソールは、

①あなたのWebサイトに、どのようなキーワードで、何回ぐらいユーザーが流入しているのか、を確認できる
②Googleからの通知を確認できる
③GoogleがあなたのWebサイトをどのように認識しているかチェックできる
④新しい記事の作成や記事の修正をした場合、すみやかにインデックスしてもらえるよう、Googleにインデックス登録をリクエストできる
⑤検索エンジン向けサイトマップを登録できる（93ページで説明）

など、どれもWeb担当者には必須と言える機能が無料で利用できます。またサーチコンソールを導入されてない方は、ぜひ導入してください。

▶ サーチコンソール導入方法

(1) Googleアカウントにログインします（Googleアカウントを持っていない方は、先に取得してください）。

(2) 次のURLにアクセスします。

https://search.google.com/search-console/about?hl=ja

■ Googleサーチコンソール

(3)「今すぐ開始」のボタンをクリックすると、Webサイトのドメインまたはは URLを登録する画面が表示されます。

■URL登録

(4) 登録では「ドメイン」か「URLプレフィックス」かを選びます。一般的にはドメインが推奨されていますが、無料ブログサービスなど、DNSによる所有権の確認ができない場合は、URLプレフィックスを選びます。

(5) あなたのWebサイトのURLを入力すると、「続行」のボタンが有効になるため、それをクリックすると「所有権の確認」の画面が表示されます。

(6) 画面の指示に従い、Googleから提供されるHTMLファイルをあなたのWebサイトにアップロードします。アップロードが難しい場合は、画面の指示に従い、別の方法（HTMLタグを＜head＞内に埋めこむ方法や「Google Analytics」と連携させる方法など）を選択します。

成功すれば、サーチコンソールにアクセスできるようになりますが、Googleの巡回が終わるまで、数日間程度は何もデータが表示されません。焦らず少しだけ待ちましょう。

あなたのWebサイトにユーザーはどのように流入している?

　導入が終わったら、先に述べた「①あなたのWebサイトに、どのようなキーワードで、何回ぐらいユーザーが流入しているのか確認できる」を試してみましょう。管理画面の「検索パフォーマンス」を選択すると、

「Google検索から、どのようなキーワードでクリックされているのか」
「そのキーワードで何位に表示され、何回ぐらい流入しているのか」

がわかります。

■ 検索パフォーマンス

　さらに、フィルタ機能を使うことで、特定のWebページ（URL）はどんなキーワードで上位表示されているのか、何回ぐらいクリックされている

のかなど、くわしく調査できます。

ペナルティやセキュリティに関する、Googleからの通知を確認する

Googleサーチコンソールの左メニューにある「セキュリティと手動による対策」では、ペナルティやセキュリティの問題がある場合に、Googleからの通知が表示されます。

▶ ペナルティ

もし「不自然なリンクに関するお知らせ」「Unnatural inbound links」などの情報を受けとった場合、本章139ページを参照して至急対策を検討してください。

放置しておくと、検索結果での順位の下落や、最悪の場合、検索結果に表示されないなどの事態になることがあります。

▶ セキュリティ

あなたのサイトからマルウェアなどが検出された場合などに通知がきますので、適切な対応が必要となります。

Googleは、あなたのWebサイトをどのように認識している?

▶ あなたのサイトの外部リンク、内部リンクの数

左メニューの「リンク」から、あなたのWebサイトの外部リンク（被リンク）や内部リンクの状況が確認できます。

外部リンクや内部リンクは、Webサイトを適切な運営に比例し、少しずつ増加していくものです。ただし、スパムサイトから大量のリンクを貼られている場合には、Googleからペナルティを受ける可能性があります。

その際は外部リンクの各URLを精査し、場合によってはGoogleにスパムリンクを否認する必要があります。

　否認の方法は、サーチコンソールヘルプの以下のページを参考にしてください。

・「バックリンクを否認する」
　https://support.google.com/webmasters/answer/2648487?hl=ja

▶ あなたのサイトのページ数（インデックス数）

　左メニューの「インデックス」＞「カバレッジ」にて、あなたのWebサイトに追加したコンテンツ（ページ）が、Googleのサーバーに登録（インデックス）されている状況が確認できます。

　正常にインデックスできなかった場合はエラーとして表示されますが、すべてのエラーが問題なわけではありません。たとえば、ページ内に意図的に「noindex」タグを付与している場合もエラーになることがありますので、エラーの要因をおさえることが重要です。

▶ 新しい記事の作成や記事の修正をした場合、Googleにインデックス登録をリクエストする

　左メニューの「URL検査」を使えば、あなたのWebサイトの任意のページのインデックスの状況をチェックできます。また、修正したページや新規作成したページをすみやかにインデックスしてもらうこともできます。

ユーザーと検索エンジンに支持されながら、良質なリンクを集める「外部施策」

なぜ、ほかのサイトからリンクをもらうことがSEOになるのか?

外部施策をひとことでいえば、「ほかのサイトからあなたのサイトへリンクを貼ってもらう」ことです。一時期、SEO対策といえば、この「ほかのサイトからリンクをもらう」というイメージが非常に大きいものでした。

なぜ、ほかのサイトからリンクをもらうこと(これを被リンクと呼びます)がSEOになるのでしょうか?

くり返しになりますが、Googleのような検索エンジンの立場から考えると、「できるだけ有益な情報が掲載されているサイトを上位表示したい」と思うわけです。その際、Googleは、「より多くのサイトから、一方的被リンク(相互リンクではない、相手のWebサイトから一方的にあなたのサイトに貼られているリンク)を集めているサイトは、有益なコンテンツが掲載されている」と判断します。また、Googleは「ページランク」という概念で、各Webサイトを評価しています。ページランクはサイトの運営年数や被リンクの状況などで判断されるのです。

GoogleがあなたのWebサイトの評価をする際も、同じように判断されますが、同じ被リンクをもらっている場合でも、ページランクが高いサイトから被リンクをもらっているほうが、あなたのサイトの評価は高くなります。つまり、

「優秀なサイトに評価されている(=リンクを貼られている)サイトは優秀だろう」

という風に、Googleは判断しているのです。そのため、被リンクを多く
もらいたいのですが、いかんせん、相手がリンクを貼ってくれないことに
はどうしようもないですよね。というわけで、いかにして「良質なサイト
から被リンクを集めるか」というのが外部施策の基本的なテーマとなりま
す。

➡ コンテンツマーケティング＋被リンク獲得で最強の SEOを目指す

コンテンツマーケティングといえば、すでに説明したように、

「あなたのサイトに価値あるコンテンツを増やす」

ということです。被リンクを集める外部施策においても、これが本質的な
問題解決策となります。つまり、「自分のサイト内容を充実させ、ほかの
サイトからリンクを貼ってもらう」ことです。

しかし、コンテンツマーケティングだけでは順位の向上に限界がありま
す。たとえば、あなたがユーザーにとって非常に価値ある情報を発信する
サイトを、新しく作ったとします。その価値は、検索エンジンで10位以
内に入っているほかのサイトより高いものです。

ですが、新しくできたばかりのサイトでは、すぐ10位以内には入れま
せん。また、そもそも10位以内に入らなければ、ほとんどユーザーの目
には止まらないのです。これはユーザーにとって損失になるでしょう。つ
まり、コンテンツマーケティングに加え、外部施策も実施して早期の上位
表示を実現することで、ユーザーに適切な価値提供ができるのです。

また、現在人気のキーワードで上位表示しているサイトは、ほぼ何らか
の形で外部施策（被リンクの意図的な獲得）をしています。その中には、
ユーザーにとって非常に価値あるサイトが多くあります。もし意図的に被
リンクを獲得しているからといって、そのような価値あるサイトが検索エ
ンジンの上位から一掃されたら、それこそユーザーにとって不利益な事態

になるでしょう。

　もうおわかりもしれませんが、Googleにとって本当に問題となる行為は「価値の低いサイトを必要以上に上位表示させようとすること」です。あなたのWebサイトも、まずはコンテンツを充実させ、そのうえで適正な検索順位になるように外部施策を実施するべきです。

▶ まずは無料ブログで「読んで役に立つ」サテライトサイトを作る

　被リンクを集める有効な施策として、サテライトサイトの運用があります。サテライトとは「衛星」のこと。あなたのメインサイトの周りに衛星のように存在するWebサイトという意味です。サテライトサイトを作成することで、

　　・サテライトサイトからメインサイトへの流入アクセスが見込める
　　・サテライトサイトからメインサイトへの被リンク効果が期待できる
　　・日記などの記事で、親しみやすさを訴求することでファンが増える

などのメリットがあります。これまでサテライトサイトを運用したことがないなら、まずは無料ブログサービスを使って「社長ブログ」や「担当者ブログ」などを作成することがもっとも敷居が低いでしょう。

　以下、サテライトサイトの運用で留意してほしいことを列挙します。

▶ ①「価値ある情報提供」を心がける

　サテライトサイトは、メインサイトとは違って、自由度が高い記事を書きやすいものです（サテライトサイトのテーマにもよりますが）。だからと言って適当な記事を書くのではなく、メインサイトと同様に「ユーザーに役立つか」「ユーザーが満足してくれるか」という視点を忘れずに作成してください。

　価値のないサイトからの被リンクは、メインサイトにとってGoogleと

ユーザー双方の評価を落とすだけであり、そんなサテライトであれば作らないほうがマシです。

▶ ②アンカーテキストを同一にしない

サテライトサイトの本文中から、アンカーテキストを使ってメインサイトのリンクを貼ることは外部施策の効果があります。

ただし、気をつけてほしいのは「アンカーテキストのキーワードを散らす」こと。これは、あなたのサテライトからメインサイトへ多くのリンクを貼った時、判で押したように、どれもまったく同じキーワードだとGoogleは「不自然だ」と考え、ペナルティを科す場合があるからです。

また、サテライトサイトからのリンク先も、メインサイトだけだと不自然です。リンク先も散らすようにしましょう。

1つヒントとして言えるのは、あなたのメインサイトへの被リンクのアンカーテキストで「メインサイトを上位表示させたいと考えているキーワード」が不自然ではない程度に多く使われていることがベターです。あなたのメインサイトへのアンカーテキストにどのような文字列が多いのかはサーチコンソールの「リンク」で確認できます。

・アンカーテキストの確認方法
左メニュー「リンク」＞「上位のリンク元テキスト」を確認

一般的には、タイトルタグに入れた文字や、あなたのWebサイトのURLアドレスそのものがアンカーテキストの1番手・2番手に挙げられていることが多いと思います。それらに続く3番手・4番手あたりに、あなたの目標とするキーワードが位置づけられていることが望ましいでしょう。

▶ ③内部施策に取り組む

サテライトサイトも価値あるサイトにするため、メインサイト同様に内部施策を意識しましょう。もちろん、ブログサービスでは内部に手を入れられる範囲は限られますが、たとえば「ブログ記事の件名＝タイトルタ

グ」などの情報は、書いた記事とブログのソースコードを見比べることで見当がつくはずです。

▶ ④サテライトサイトを放置しない

サテライトサイトを更新しないまま放っておくと、Googleから「価値が低いサイト」とみなされて、メインサイトの被リンク効果がマイナスになってしまいます。一度作成したサテライトサイトは、1月に1回でもいいのできちんと更新するようにしましょう。

会社の仕事でWebマーケティングしているのであれば、「サテライトサイトの管理も仕事の一環」と部門責任者に認識してもらい、運営体制を整えましょう。更新が継続できないのなら、サテライトサイトは作るべきではありません。

▶ ⑤複数のサテライトサイトを作る場合は、複数のブログサービスを使う

先ほど「サテライトサイトのリンク先を散らす」という話が出てきましたが、メインサイトのリンク元を散らすことも重要です。「社長ブログ」「担当者ブログ」など複数のサテライトサイトを作る場合、つい同じブログサービスを使ってしまうことが多いかと思います。

操作方法が同一なので、そのほうが運用が楽なのはわかります。ただ、同じブログサービスで複数のブログを運営すると、IPアドレスが同一なので、Googleから「同じ発信元である」と認識されてしまいます。

ぜひ、複数のブログサービスを使い分けるようにしましょう。

➡ 外部施策を有力な競合に負けないレベルで取り組みたい場合は

あなたの実施するビジネスによっては、どうしてもビッグワードで上位表示を狙いたい場合や、強力なライバルが多く、外部施策の強化を図らねばならない場合があるでしょう。

そのような場合、被リンクの質と量いずれも拡大させる施策が必要になります。自社でそのような施策を実施する場合には、数十から数百のサテライトサイトを独自ドメインで運営する方法が考えられます。この方法は、手間暇がかかるため、どなたにでもおすすめという施策ではありませんが、直接的な費用対効果は非常に大きくなります（担当者の人件費は除く）。

　ここでは、以下の3つの組みあわせでサテライトサイトを構築する方法をお伝えします。

▶ WordPressでWebサイト構築

　WordPressは世界中で使われているCMS（コンテンツ・マネジメント・システム）です。CMSとはWebサイトを管理・更新できるシステムのことで、無料ブログサービスもCMSの1種といえます。WordPressは、もともとブログサービスを自分のサーバーで運用するためのソフトウェアでした。オープンソフトウェアのため無料で利用でき、また内部施策もしやすいという特徴もあります。そのため、現在ではブログに限らず、商用サイトを含め多くのWebサイトがWordPressベースで構築されています。

　無料ブログサービスよりも独自ドメインのサイトのほうが検索エンジンの評価も高くなるといわれています。また、次に説明する日本語オールドドメインと組みあわせれば、構築後すぐに評価の高いサイトにすることもできます。

　さすがに商用サイトの構築は敷居が高いですが、サテライト用のブログ程度であれば、IT技術者でなくとも学習次第で構築できます。以前はレンタルサーバーにWordPressをインストールするだけで、ひと苦労でしたが、最近ではその人気の高さゆえに、多くのレンタルサーバーで「WordPressのワンタッチインストール」ができるようになっています。

　本書ではWordPressについて詳細に記しませんが、書店のITコーナーに行くと、WordPressに関する書籍が多く並んでいます。本格的に自社で外部施策に取り組む方にはおすすめのCMSです。

▶ 日本語オールドドメインを利用する

　日本語オールドドメインとは、過去に日本語で運営されていたWebサイトのドメイン（URL）のうち、期限切れとなって所有者不在となったもののことです。期限切れになる理由はWebサイトを閉鎖することになったから、などが考えられます。

　さて、こうした日本語オールドドメインは自分でも探せますが、はじめての方には敷居が高いので、専門の販売会社を利用するといいでしょう。オールドドメインの販売会社には「中古ドメイン販売屋さん」などがあります。

・中古ドメイン販売屋さん

https://www.topshelfequestrian.com/

　さて、どうして新しいドメインの取得ではなく、「中古品」であるオールドドメインを使うのでしょうか？

　一般論として、ドメインは長い年月使われたものほど実績と信用があります。もちろん、どんなサイトを運営していたかで大きく変わりますが、ページランクが高いものや、多くの被リンクがついているものもあります。そういった人気ドメインを探してサテライトサイトに使用することで、短期間で評価の高いサイトを構築できるのです。

　また、日本語のオールドドメインにこだわるのは、あなたのメインサイトが（おそらく）日本語サイトだからです。オールドドメインを利用して構築したサテライトサイトに、あなたのメインサイトのリンクを貼るわけですが、メインサイトが日本語なのに、別の言語のサイトにリンクが貼られていたら不自然ですよね。

　同じ理由で、そのオールドドメインが「どのようなテーマのサイトのドメインだったか」も大切です。経営コンサルタントのサイトに、アダルトサイトからリンクが貼られていたら、ちょっと怪しいですよね（これは経営コンサルタントに限らないですが）。そういった関連性も考慮してオールド

ドメインを選ぶ必要があります。

　オールドドメインの金額は、その評価によってさまざまですが、一般的に数千円以上必要となります。費用がかかるうえに、万が一、ペナルティを受けていたオールドドメインを使ってしまった場合、自社サイトにも悪い影響が発生する可能性もあります。

　そのため、オールドドメインの利用を始める前に、ある程度、知識を磨いたり、ノウハウを吸収したりするほうがいいでしょう。

▶ IP分散サーバーを用意する

　IPアドレスとは、インターネットにおける住所のようなもの。複数のサテライトサイトを構築する場合、それぞれのサイトのIPアドレスが異なる必要があります。なぜならば、複数のWebサイトにおいてIPアドレスが同じだと、Googleは同一のWebサイトとみなすからです。

　たとえば、あなたがサテライト作成用にレンタルサーバーを契約し、その中で複数のドメインを取得して複数のサイトを運営したとしても、それらは同一のサイトとみなされてしまうのです。なぜなら、ドメインを変更したとしても同一のレンタルサーバーの中では、通常IPアドレスは同一になるからです。

　そこで、IP分散サーバーを用意することになります。これはIPの異なる（通常はクラスCレベルで異なっている）サーバーを用意する、ということです。とはいっても、あなた自身でIPの異なるサーバーを複数（しかも数十〜数百）用意することは難しいでしょうから、そのようなレンタルサーバーのサービスを利用することになります。

　IP分散サーバーには「IQサーバー」などのサービスがあります。Word Pressのワンタッチインストールに対応しているものもあるので手軽に始められるでしょう。

・IQサーバー

http://www.iq-servers.com/

WordPress、日本語オールドドメイン、IP分散サーバーの3つを組み合わせることで、

①Googleからみて評価が高い
②独自ドメインを持ち、
③それぞれが独立した複数のサイト

を構築できます。外部施策を自社で完全にコントロールすることはリスク管理面でも重要です。きちんとコンテンツを継続できる運営体制の範囲内であれば、検討する価値はあるでしょう。

ただし、自社でサテライトサイトを構築・運営するにあたって、忘れてほしくないことがあります。くり返しになりますが「ユーザーとGoogleの双方に好かれる」ということです。複数のサテライトサイトを作るのであれば、それらすべてを評価の高いサイトにしなければなりません。実際に「何十といった評価の低いサイトからの被リンク」よりも「たった1つの評価の高いサイトからの被リンク」のほうが効果はあるのです。つまりサテライトサイトは「自社でしっかり運営できる範囲の数に抑える」ことが成功のポイントです。

いくら有力な競合に負けたくないからといって、ロクに運営もできないサイトを数多く作り、最初だけあなたのWebサイトに被リンクし、その後放置していたのではペナルティの原因にもなりかねません。くれぐれも運営体制をしっかり考慮してから取り組んでください。

➡️ もしGoogleのペナルティをもらったら

112ページで、外部施策は「人気投票」的な考え方、という話をしました
が、このGoogleの考え方を逆手にとり、価値の低いサイトの管理者が
業者にお金を払い、多くのリンクを貼らせる、というような事態が多く発
生しています。そのため、Googleはガイドラインを設け、業者からリン
クを買うような方法をとったWebサイトにペナルティを与えるなどの対策
をとっています。

ある日突然、あなたのWebサイトが検索エンジンの結果表示に表示され
なくなった。あるいは、順位が大幅に落ちた……。

こうした場合、以下3つの要因が考えられます。

▶ Googleのアルゴリズムに変更があった

そもそもペナルティではなく、順位の下落は一時的なものである場合で
す。心あたりがないのであれば、あたふたせず、2週間程度様子をみるこ
とも必要です。仮にGoogleのアルゴリズム変更であれば、変更が入って
数日以内にSEO会社のコラムやSEOに強い個人ブロガーの記事に関連する
投稿がされますので、そういった情報に注意しておきましょう。もし、ア
ルゴリズムの変更ではなくて、順位も戻らない場合。あるいは心あたりが
ある場合はペナルティを受けている可能性があります。

▶ Googleのアルゴリズムによる自動ペナルティ判定に引っかかった

自動ペナルティの場合はGoogleからサーチコンソールに通知は来ませ

んので、ペナルティに思いあたる箇所を修正していきます。正しい対応ができれば、検索結果表示が戻ることもありますが、以前と同じ順位になることは少ないのが現状です。

▶ Googleの担当者の目視による手動ペナルティ判定に引っかかった

手動ペナルティの場合は、サーチコンソールに通知がきます。検索結果から表示されなくなるなどの厳しいペナルティはこの手動ペナルティの場合だけです。手動ペナルティを受けた場合、通知の内容に従い、被リンクを外してもらう処置などをして、改めて再審査リクエストすることが必要です。

・再審査のリクエスト

https://support.google.com/webmasters/answer/35843

再審査に合格した場合、再度Googleにインデックスされることになりますが、不合格が続く場合、新しいドメインでのWebサイトの再公開をすることになります。もちろん、再公開したとしても、以前と同じようにGoogleから評価され、検索エンジンからの流入が戻るには少なくとも半年以上はかかってしまいます。ペナルティの怖さを自覚し、極力そのような事態を受けないような、ユーザーにもGoogleにも好まれる施策を心がけましょう。

➡Googleアナリティクスで分析する

Googleアナリティクス（Analytics）とは、Googleが提供する無料で高機能なアクセス解析ツールです。すでにWebサイトの管理・運営を担当されている方には、利用中の方も多いでしょう。もし、サイトを運営しているにも関わらず導入されていない方、あるいはこれからWebサイトの運営に取り組む方は、ぜひともアナリティクスを導入されることをおすすめします。

■ Googleマーケティングプラットフォーム　アナリティクス
(https://marketingplatform.google.com/intl/ja/about/analytics/)

■ Googleアナリティクス　標準レポート

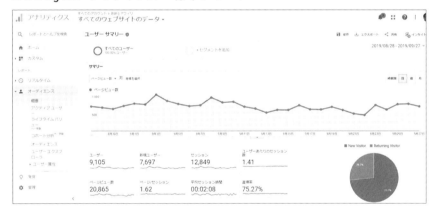

　はじめて利用する方は、アナリティクスの設定が必要です。下記のサイトを参考にしてください。

・アナリティクスのスタートガイド
https://support.google.com/analytics/answer/1008015

アナリティクスは無料ソフトウェアですが、多くのデータを確認でき非常に深い分析ができます。この分析ツール単独で何冊も書籍が販売されているぐらいですので、ここでその全容を説明できるものではありません。まずは、はじめてアナリティクスを使う方でもぜひチェックしてほしい指標を7点ご紹介します。

▶ ①セッション

　「セッション（数）」とは、ある一定期間に「何人の方があなたのWebサイトに訪問したか」という人数です。同一の方でも時間をおいて訪問された場合、複数名にカウントします。

▶ ②ユーザー

　「ユーザー（数）」とは、一定期間内に「あなたのWebサイトを訪れた純粋な人数」のことです。同一の方が何回訪れてもユーザーは1人です。「ユニークユーザー（UU）」と呼ぶこともあります。

▶ ③ページビュー（PV）

　「ページビュー」とは「あなたのWebサイトが全部で何ページ見られたか」という指標です。同一の方が複数のページを閲覧した場合、それぞれがカウントされます。

▶ ④新規ユーザー/リピートユーザー

　アクセス分析の対象となる期間内で、そのサイトにはじめて訪問したユーザーなのか、リピート訪問したユーザーなのかを表します。

▶ ⑤参照元

　訪問者が「どこからあなたのWebサイトに訪問したのか」がわかります。

▶ ⑥直帰率

「直帰率」とは、あなたのWebサイトを訪問された方のうち「どれぐらいの割合の方が1ページを見ただけで、あなたのWebサイトから離れていったのか」という比率です。当然この比率を下げる必要があります。

▶ ⑦平均セッション時間

「セッション時間」とはサイトでの滞在時間のことです。文字どおり「あなたのWebサイトを訪問された方がどれぐらいの時間サイトを閲覧していったのか、その平均時間」のことです。

以上のようなデータを毎日チェックすることで、日々あなたが実行したWebサイトに対する施策や運営が「良かったのか／悪かったのか」効果測定できるようになります。日々効果測定して改善し「より多くの方が集まり喜んでくれるWebサイト」を作りあげるには、アナリティクスのような効果測定ツールは欠かせません。ぜひ、あなたも効果的に活用してください。

第4章

信頼関係を積み重ねる
「ソーシャルメディア」
活用術

中小IT会社のリクルート活動

SNSで社内風土や制度、社員が働く様子を発信、「IT企業はブラック」という悪評の払拭に成功。過去最高の求人を達成

◻ 状況

D社は某地方都市にあるシステム開発会社です。もともとは大企業からの下請け案件が多かったのですが、社長の営業努力もあり、現在では50％以上が、地元の企業から直接請け負う案件（直案件）となっています。

もともと、社長は「社員の士気が上がらないと、いいシステムは作れない」という哲学を持っており、D社ではさまざまな人事施策を実行してきました。さらに、昨今の働き方改革の流れもあり、顧問社労士に相談して、一層働きやすい社内制度を整えました。そのような会社ですから、社員の満足度はかなり高くなっています。結果としてD社が構築したシステムの品質は高いと多くの顧客企業から評価されており、社長も満足しています。

しかし、1つだけ、社長が頭を悩ませていることがありました。それはD社が地方にある中小企業のため、なかなか新しい人材を獲得できないことです。世間的には「IT企業はブラック」というイメージがあるようで、社長はD社の正確な内情を伝えたいと思いホームページに福利厚生の説明を追加してみたりしましたが、なかなか有効な訴求につながっていないのが現状です。

◻ 施策

D社の社長は地元の商工会議所経由でSNSコンサルタントに相談をしました。SNSコンサルタントは社長に、

「ソーシャルメディアを利用して、ネットのクチコミを広めてみましょう」

と提案。さらには、

「ソーシャルメディアでは決して売り込みにならないように、ユーザーが興味を持つような工夫をしつつ、D社の取り組みを伝えるようにしてください」

とアドバイスをしました。そこで、D社はFacebookやTwitterを中心に、

「育児中の社員がリモートで仕事をしている様子」
「アフター5に趣味を楽しんでいる社員の様子」

などのコンテンツ配信を始めました。

　また、D社では社内のグループごとに「働きやすいチーム作り」をテーマにしたミーティングを月に2回のペースで実施しています。このミーティングでは、各チームからさまざまな意見が出てくるので、そうした内容をSNSユーザーとも共有するようにしました。その結果、多くのユーザーからも有益な意見をもらえたり、またD社が発信した興味深い意見が多くのユーザーに拡散されたりするようにもなったのです。

◾ 結果

　このような地道な取り組みで、多くのSNSユーザーがD社に興味を持つようになりました。そうしたユーザーは、D社の普段の投稿を見るようになります。そして、少しずつSNSユーザーに「某地方都市に働きやすいIT企業がある」という情報が伝わっていきました。

　現在では、月に4〜5件以上も採用に関する問い合わせがくるようになりました。ほとんどがSNSユーザーであり、うち半数以上がほかの都道府県からです。D社の取り組みは、地元への移住者を増やすことにつながっている、と行政からも注目されるようになりました。

「ソーシャルメディア」は「スマイル0円」と同じ

➡ SNSをうまく使えば、信頼関係構築が加速する

　現在、ソーシャルメディアブームともいえる状況が続いていますが、その理由はどこにあるのでしょうか。まずは消費者をとりまく環境と消費者の意識（インサイト）を考えてみましょう。

▶ 消費者をとりまく環境と消費者の意識

- ・企業、官公庁、マスコミの不正や隠蔽などが後を絶たず、消費者は疑い深くなっている（エンロン、JR、原発問題、産地偽造……）
- ・世の中には売り込みの情報が溢れ、何を信用し、何を選んだらいいのかわからない
- ・世の中の先行きは不透明で、まだまだ消費者の財布は固い
- ・本当に良いモノは購入するが、騙されるのは絶対イヤだと考えている
- ・今や、良い商品・良いサービスというものは世の中にありふれているが、それだけでは信頼できない

　このような理由で、今や消費者は、

「信頼できる人からしか買いたくない」
「信頼できる人が紹介してくれたものしか買いたくない」

と考えています。一方、ソーシャルメディアには以下のような利点があります。

▶ ソーシャルメディアの利点

- ・クチコミによる情報発信・情報拡散が原則なので、商品・サービスの

信頼性を確認しやすい
・静止画や動画、文章などさまざまな形で情報が流れてくるので、チェックしやすい
・情報発信者（企業）の思い、情熱を知ることができる
・相手と長期的な関係が築ける

　こうしてソーシャルメディアの利点を見てみると、「相手と信頼関係を構築しやすい」「信頼できる相手を見つけやすいツールである」ことがおわかりでしょう。これは現在の消費者のニーズに非常によくマッチしています。だからこそソーシャルメディアは、ここまで隆盛していると考えられるのです。

➡「地道にコツコツ」がソーシャルメディア活用のポイント

　とはいえ、人々はソーシャルメディアを「購入意思決定のためのツール」として使っているわけではありません。ソーシャルメディアを利用する人の主目的は「交流」と「情報収集」です。そして、そうした目的でソーシャルメディアを使っていくうちに、結果として「信頼する相手」が見つかるのです。
　つまり、ソーシャルメディアの世界の中に企業が入る場合、いきなり売り込みをするのはNG。それは、まさにパーティーなどで楽しく交流している2人の中にいきなり割りこみ、

「うちの商品を買ってください」

と押し売りするようなものです。こうした行動は必ず嫌われますよね。ではどうすればいいのでしょうか。それは企業も、

「人々の交流しているなかに参加させていただく」

という意識でソーシャルメディアの世界で情報発信したり、ユーザーと交流したりすることです。時間はかかりますが、ユーザーにとって価値ある情報を発信し続け、「信頼できる相手」と思ってもらうまで地道に取り組まなければなりません。

　くり返しになりますが「企業からの一方通行で大量の売り込み情報」に疲れた消費者は社会環境の不透明さ（将来の見通しが悪い）もあって、財布のヒモが固くなっています。しかし、このような環境は逆にチャンスとも考えることができます。

「騙されることはイヤだ」
「本物しか買いたくない」

と思っている消費者には「本物であれば、多少値が張っても手に入れたい」と考えている人が少なからずいます。そういった消費者に向けて、

「時間はかかるけれども、きちんとつながり信頼関係を作っていく」

ことが重要です。これに勝るマーケティングはほかにないでしょう。Webマーケティングにおいても、ソーシャルメディアを利用して、中長期的な信頼を地道に築いていくべきです。

➡ 「スマイル0円」は売上向上のための強力な武器

　私がFacebookなどのソーシャルメディア研修の講師をすると「Facebookでどのぐらい売上に貢献できますか」といった質問をしばしば受けます。そのような質問に私は必ず、

「それは、マクドナルドに『スマイル0円で、どれぐらい売上が上がりますか？』と聞くのと同じです」

と答えるようにしています。

　もし、マクドナルドで店員さんの顔からスマイルが消えたらどうなるでしょうか？

　スマイルが消えても、レジに並んだお客さんの購入金額には変わりはないかもしれません。「スマイル＝0円」なのですから、店員さんが仏頂面でもお客さんが同じ商品を買う限り売上は同じです。

　ただし、それは「短期的なモノの見方」です。もし、ある店舗の店員さんがいつも仏頂面をしていた場合、あなたはそのお店によいイメージを抱かないですよね。それどころか不快なイメージを抱くでしょう。あなた以外のほかのお客様も同じはずです。結果、長期的にみれば来店客が減り、売上減少はまぬがれないでしょう。

　つまり、スマイルには「長期的なイメージ向上＝ブランド向上」の機能があるのです。そして、ソーシャルメディアもこれとまったく同じ。日々情報を発信したり、ユーザーと交流したりしても、今日明日の売上が急に上がるわけではありません。しかし、地道に続けていくことで、あなたやあなたの会社のブランド向上につながります。結果として、長期的な売上向上に貢献するといえるでしょう。

➡中小企業こそブランドを大切に

　ソーシャルメディアはブランド向上に役立つという話をすると、今度は、

「じゃあ、うちの会社は関係ないですね。ブランドなんて大企業が大切にするもので、うちの会社は小さな企業ですから」

と言われることがあります。本当にそうでしょうか。そもそもブランドとは何か、ちょっと考えてみましょう。

もしあなたが女性でしたら、ブランドという言葉を聞いて「エルメス」「シャネル」「ヴィトン」などを思い出すかもしれません。そのような多くの方が憧れる商品や企業もそうですが、ブランドとはそもそも、私たちの心の中にあるイメージのことをいいます。「エルメス」というブランドが好きな方は、その方の心の中に「エルメスという商品や企業に対する信頼やロイヤリティ（忠誠心）、期待」があるわけです。だから、高い金額を払っても、エルメスの商品を身につけたいと思うのです。

　一方、中小企業やその経営者が成功するためには顧客や取引先、従業員など周りの多くの方に、

「あなたやあなたの会社を信頼してもらい、好きになってもらい、期待してもらい、応援してもらう」

ことが非常に重要になります。大企業のように不特定多数の日本中（または世界中）の人にブランドを築く（＝ブランディングする）必要はまったくありません。まずは周りの方、そして見込み顧客に少しずつブランディングをしていきましょう。ブランド向上は、ヒト・モノ・カネなどの経営資源に乏しい中で生き残っていかなければならない中小企業にとって、大企業以上に重要なことです。

　この本をここまで読んできたあなたなら、マーケティングの要諦は「信頼関係の構築と期待の育成」であることは十分ご承知のはずです。ブランディング（ブランドの構築）とは「信頼関係の構築と期待の育成」そのもの。つまり、ブランディングに役立つソーシャルメディアはマーケティングの要諦を押さえたツールだということです。コストをかけずにここまで実行しやすいツールはほかには見あたりません。ぜひ使いこなしてほしいと思います。

➡ ソーシャルメディアは「集客・信頼構築・アフターフォロー」に効果的

それでは、Webマーケティングにおいて、ソーシャルメディアはどのように使うのでしょうか？　次の図をご覧ください。

■ 顧客階層とソーシャルメディアの対応

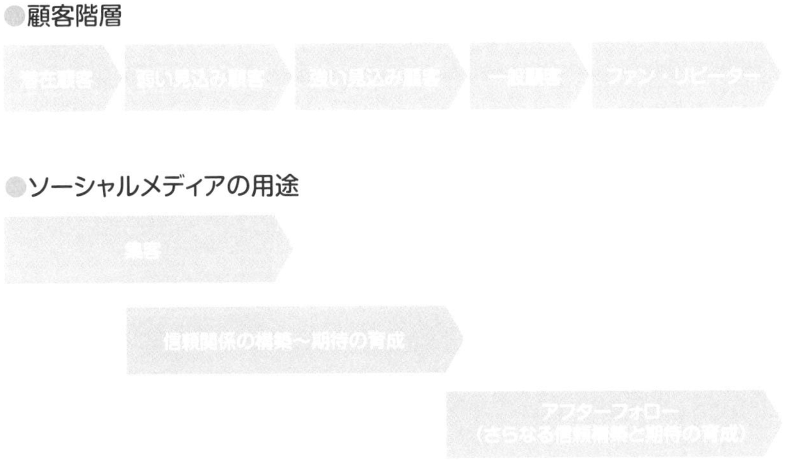

●顧客階層

| 潜在顧客 | 新しい見込み顧客 | 遠い見込み顧客 | 一般顧客 | ファン・リピーター |

●ソーシャルメディアの用途

集客

信頼関係の構築〜期待の育成

アフターフォロー
（さらなる信頼構築と期待の育成）

このようにソーシャルメディアは、

・集客
・信頼構築（一度来訪した人に、定期的に情報を発信できる）
・アフターフォロー

の3つのフェーズで利用できます。

この中で「集客」とは「気づかせる」「アレっと思わせる」ことで「行動を起こさせる」ことを目的としています。「信頼関係の構築〜期待の育成」はこれまで述べてきたとおり、マーケティングの要諦であり、本書で

くり返し説明してきたところです。そして、最後の「アフターフォロー」。ここにどのぐらい力を入れるかで、ファンを育成できるかどうかが決まります。ソーシャルメディアで成功している企業は、じつは購入前の「信頼関係の構築〜期待の育成」以上に、購入後の顧客にひと手間もふた手間もかけて楽しませています。それが「おもてなし」につながるのですね。

大事なことは目的を絞ること、少なくとも日々投稿する際、「今は何を目的に投稿しているのか」を意識することです。

特に購入前後の「信頼関係の構築〜期待の育成」では、ユーザーの気持ちを徹底的に想像して、彼らが求める情報を提供することが重要です。

▶ 4大ツール「Facebook、Twitter、Instagram、LINE」をおさえよう

現在、わが国で多くの方に使われている4つのソーシャルメディアの概要を説明します。

▷ Facebook

言わずとしれた、世界中でもっとも利用者が多いソーシャルメディアです。実名制であり現実世界の人間関係をネット上に再構成できるので、信頼構築・期待育成にもっとも使いやすいツールです。Facebook上でつながった相手の画面（ニュースフィード）には、あなたの投稿が表示されるようになります（一定のルールがあり、詳細は後述します）。

また、「いいね！」や「シェア」など、情報を拡散する仕組みがあり、ユーザーが「価値がある」と判断した情報や共感した情報は拡散されやすくなります。

1人のユーザーが1つだけ取得できる個人アカウントのほか、「Facebookページ」と呼ばれる企業の公式アカウントを作ることもできます。

▷ Twitter

1つの投稿につき140文字という制限があるミニブログサービスです。

実名・匿名のどちらでも利用できて、その気軽さから情報が拡散しやすいのが特徴です。情報は会員以外でも閲覧でき、おもしろい投稿や有意義な投稿をするユーザーには、そのユーザーの投稿を定期的にチェックできるように設定するユーザー（フォロワーと呼びます）が数万〜数十万人以上つく場合があります。

　一方で、文字制限など表現力はFacebookに一歩譲りますし、単なる売り込み情報ではまったくレスポンスがない場合がほとんどです。原則としてゆるい投稿が好まれますので、ビジネス用途としては使い方が難しいツールでもあります。

▶ Instagram

　写真や動画を中心に扱うソーシャルメディアであり、4大ツールのなかでは、今一番勢いのあるものです。ファッション・美容・グルメなど写真映えのする商品・サービスや、女性向けの商品・サービスを扱っている方には、ぜひ使ってほしいツールです。

　Instagramのユーザーはオシャレやデザインにこだわりを持つ方が多く、Instagramを使ってユーザーとコミュニケーションをとる場合、事業者側にも写真や動画のこだわり・世界観を求められることとなります。決してハードルは低くありません。しかし、InstagramにはユーザーをEC（ネット販売）に誘導する機能もあり、商品やブランドと信頼関係を築いたユーザーであれば、よろこんで誘導される場合も多いです。

　上手に使えば、ブランド構築だけでなく販売促進にもつなげることができるツールですので、Instagramと親和性の高い事業をおこなっている方は検討してみてください。

▶ LINE（LINE公式アカウント）

　後発ながら爆発的にユーザー数を増やしているメッセージサービスです。ほかのソーシャルメディアと違い、特定の相手とのメッセージ交換が主用途のため、システムの仕組みとして情報が勝手に拡散するようなことはありません。狭義のソーシャルメディアには分類しない場合もあります。

LINEをビジネスで利用する場合は、サービス提供元の用意した有償サービス「LINE公式アカウント」を利用することになります（正確には無料のプランもありますが、配信可能数が少ないなど、現実的には試用サービスの扱いといえるでしょう）。LINE公式アカウントは、月額5,000円（税別）から使えるサービスです。メッセージやクーポンの配布がおもな機能ですが、配布先（ユーザー）を自分で勧誘して登録してもらわなければならない、といったハードルがあります。

　準備に手間がかかるという意味では、敷居が低いとはいえませんが、特に若いユーザー層と関係を作りたい場合、有効に使えるでしょう。

　以上が4大ツールの概要です。
　特長をまとめると、次のようになります。

■4大ツールの特長図

	概要	おすすめ度
Facebook	信頼関係構築からアフターフォローまでの広いフェーズにおいて非常に親和性の高いツール。Facebook広告を使えば集客フェーズでも利用できる	☆☆☆
Twitter	拡散力があるため集客フェーズでの親和性が高い。ビジネス利用には難しい面もあり、ほかの集客手段があれば、ムリに利用することもない	☆
Instagram	写真や動画が中心のツールで、写真映えのする商品・サービスや、女性向けの商品・サービスと親和性が高い。ユーザーと信頼関係を構築できれば販売促進にも使える	☆☆☆
LINE公式アカウント	店舗を持つビジネスかつ若いユーザー層がターゲットであるならば検討する価値がある。チラシやクーポンによる集客や、Webやブログへの誘導による信頼関係構築に向いている（登録ユーザーを先に集客する必要がある）	☆☆

　これからソーシャルメディアを取り組まれる方は、ターゲットが一般ユーザーや中高年などの場合、Facebookを検討してください。写真映えがする商品やターゲットが若い女性中心の場合、Instagramを活用するといいでしょう。また、業種によってはLINE公式アカウントも検討をおす

すめします。Twitterは、その後の検討でかまいません。

　次節では、もっともおすすめのFacebookの詳細を説明していきます。

Facebookで信頼関係を構築する方法

➡ なぜ、Facebookからはじめるといいのか？

Facebookはもっとも信頼関係構築や期待を育成しやすいツールです。その理由を3つ、くわしく掘りさげてみましょう。

▷ 理由①：もっともバランスのとれたソーシャルメディアで、初心者の方にも使いやすい

ソーシャルメディアの利用者数は、各社発表のタイミングもあるのですが、2019年末の段階で、

- ・LINE……………………8,000万人
- ・Twitter…………………4,500万人
- ・Instagram………………3,300万人
- ・Facebook………………2,600万人
- ・mixi………………………非公開

上記の数字が国内の月間アクティブユーザー（少なくとも月に1度は利用する人）といわれています。利用者の多さではLINEが際立っているのがわかるでしょう。

一方、LINEを除く狭義のSNSの中では、かつて国内No.1の利用者数であったmixiが、利用者数の減少に歯止めがかからず、現在では非公開とされている状況です。FacebookとTwitter、Instagramでは、TwitterやInstagramのほうが数字は大きくなっています。しかし、実名主義を採用しているFacebookは「1人につき1アカウント」が徹底されていますが、匿名性の高いTwitter・Instagramは「1人で数アカウント」を運営されている方が多くいます。よって、実際のところ、3者の利用者数の差はあま

りない、と考えられるでしょう。

　つづいて、利用者の属性ですが、若者中心のTwitterや女性がメインの
Instagramに対し、Facebookは若者からビジネスマンや主婦、中高年まで
バランスよく使われています。特に、中高年の使うソーシャルメディア
は、圧倒的にFacebookが多くなっています。

　また、実名制のFacebookでは発言に責任が伴うことから、極端な発言
をするユーザーが少なく、炎上しにくいというメリットがあります。

　以上のような観点から、特に幅広いユーザーがメインターゲットの方に
は、Facebookをおすすめしています。

▶ 理由②：多くの経営者・ビジネスマンが目的を意識せず利用している

　多くの経営者やビジネスマンがFacebookを個人アカウントで利用して
います。Facebookは実名制なので、ほとんどの方が原則実名で登録して
いますし、プロフィール写真も多くの方がご自身の写真を掲載していま
す。ネット上ではありますが、できるだけ忠実に現実世界を再現しようし
ていて、1つの「社交場」と考えることができます。

　そのようなFacebookの空間の中で、多くの経営者・ビジネスマンは「目
的を明確に意識せずに利用」しています。これは、

「ビジネスとプライベートの境界線を分けず、業務上のメッセージのやり
とりから興味関心をベースにした情報収集まで、目的を明確には意識せず
に使っている」

という意味です。もちろん、プライベートだけと割り切って使われている
方もいらっしゃいますが、多くの経営者と交流してきた私の経験上、一番
の主流派は「目的を明確に意識せずに利用する派」と感じています。

　このような社交場では、あなたの専門分野の周辺知識などを魅力的な形
で投稿した場合、多くの経営者やビジネスマンはそれを好意的に受け入れ
てくれるでしょう（もちろん、売り込み要素が感じられるものはダメです）。

▶ 理由③：実際の知り合いとつながることが前提のツールのため、レスポンスを得やすい

Facebookの個人アカウントは実名利用が原則ですが、さらに「実際の知り合いとつながることが前提」というルールもあります。これはリアル社会で実際に知り合いである方をFacebook上で見つけてつながり交流する、ということです。

たとえば、飲食店のオーナーの場合、来店してくれたお客様とリアルで交流した後、Facebook上で「友達」としてつながることもあるでしょう。一般の経営者やビジネスマンでしたら、交流会などで名刺交換した後、相手とFacebook上でつながるということになります。

「ネットからのアクセスと違い、リアルからの流入だと数が限られるのでは」

と考える方もいらっしゃるかもしれません。しかし、第1章でも説明したとおり、Webマーケティングであってもリアルを入口にできるのであれば有効活用したほうがいいですし、検索エンジンやリスティング広告から入ってくる場合よりも、リアルで面識のある場合のほうが最初からあなたとの関係性は強いはずです。これを活かさない手はありません。

▶ 企業の公式アカウントとしてFacebookページを用意する

Facebookページは企業の公式アカウントをFacebook上で無料で開設でき、企業が見込み顧客やファンと交流できるコミュニティサイトです。個人アカウントとFacebookページをマーケティングの観点から比較すると次の表のようになります。

■ 個人アカウントとFacebookページの比較

ユーザーとの交流	＜個人アカウント＞ ・自分から友達申請ができる ・任意の友達にメッセージを送ったり、相手の個人ページに「いいね！」や書きこみができたりする ・友達の上限は5,000人まで ＜Facebookページ＞ ・自分のFacebookページに「いいね」してくれたユーザー（ファンと呼びます）だけ、投稿内容をファンのニュースフィード（情報をチェックする画面）に配信できる ・ファンの数に上限はない
アカウントの管理	＜個人アカウント＞ ・本人のみが管理できる ＜Facebookページ＞ ・複数人での管理もできる
閲覧のオープン性	＜個人アカウント＞ ・Facebookにログインした人のみが情報を見ることができる ＜Facebookページ＞ ・ログインしていない人（＝一般のインターネットユーザー）にも検索できる
Facebook広告やクーポン	Facebookページのみ対応

この中で特に注意したいのは「個々のユーザーに能動的にアクセスする機能」はFacebookページになく、個人アカウントのみという点です。企業は基本的に待ちの姿勢になりますので、普段からユーザーが興味をひきそうな情報の提供を継続し、より多くの人に「いいね！」してもらいファンになってもらうことが必要です。

➡ プロフィールページの充実が信頼性のカギになる

中小企業のWebサイトで、じつは一番閲覧されているのは「会社概要」のページだと第3章で説明しました。大企業と違い、ほとんどの中小企業は無名です。Web経由ではじめてあなたの会社を知った見込み顧客は、あなたの会社の商品やサービスに興味があったとしても、まずは、

「あなたやあなたの会社が信頼できるかどうか」

を会社概要や代表プロフィールなどをきちんとチェックして見極めようとします。「何を売っているか」よりも「だれ（どんな会社）が売っているのか」が気になるのです。それだけ信頼を重要視しているということでもあります。

このことはFacebookでも同じです。Facebookの場合、個人アカウントでもFacebookページでも「基本データ」にあなた（の会社）のプロフィールを書くことができます。新しい人とつながって信頼関係を深めるためには、基本データをしっかり整備することが重要です。

▶ 基本データ欄

Facebookの基本データ欄は非常に充実しており、はじめて登録する際には、どこまで登録していいのか迷う人も多いでしょう。「できるだけ多くのユーザーと信頼関係を作っていく」という目的がある場合は、「公開して問題ない情報はできる限り公開する」というスタンスがおすすめです。ただし、知り合いではない方にもプロフィールは見えてしまいますから、携帯電話の番号など、「すでに面識のある知り合いにしか知らせたくない」情報がある場合は、それだけ非公開とします。

▶ プロフィール写真

また、プロフィール写真も重要です。第一印象をよくすることはもちろん、あなたの友達はFacebook上であなたのプロフィール写真を見続けるのです。ぜひ、明るいところで撮影された笑顔の写真を利用しましょう。

また、個人アカウントのプロフィールは、ビジネスとプライベートを1:1で書くことが目安です。あまり固い内容ではなく、人柄が伝わるほうが好感を持たれるでしょう。「親しみやすさ」に加え、あなたのビジネスに対する「想い」が伝わる文章を心がけましょう。

ニュースフィードに投稿が配信されるルールを知って、戦略的な投稿をする

あなたのニュースフィード画面には友達になったユーザーや、ファンになったFacebookページの投稿が配信されます。Facebookを始めたばかりで、友達やファンになったFacebookページが少ないうちはそれでもいいかもしれません。しかし、配信元が増えてくると、とてもすべての情報をチェックできない状態になります。

そのため、Facebookのニュースフィードは通常「ハイライト」という設定になっています。これは「あなたにとって価値ある情報を優先的に流しますよ」という意味です。Facebookのシステム側に、「ユーザーにとって、どの投稿に価値があるか」を判定するアルゴリズムが入っているのです。

このアルゴリズムによるランクづけを「エッジランク」と呼びます。まずはこのエッジランクの仕組みを理解し、友達やファンのニュースフィードに流れるような投稿をすることが必要です。エッジランクは以下の式で算定されます。

エッジランク＝重み×新密度×時間経過

それぞれの要素は、以下の意味になります。

■ エッジランクの要素

重み	その投稿に「いいね！」やコメントがどれぐらいついているか、その程度
親密度	平素からその友達とどれぐらいFacebook上で交流しているか、その程度
時間経過	記事投稿から経過した時間（新しければ新しいほど加算）

以上を理解したうえで、あなたはどのようなアクションをとるべきでしょうか？　「時間経過」をコントロールすることはできないので、それ以外の要素を向上させる施策を紹介します。

■「重み」と「親密度」を向上させるためのポイント

「重み」を向上させる方法	・文章だけでなく写真を添付する投稿を増やすことで、ユーザーの反応を向上させる ・朝や夕方、寝る前など、多くのユーザーがFacebookを閲覧している時間帯に投稿して反応を向上させる
「親密度」を向上させる方法	・普段から多くの人に自分から「いいね！」やコメントを心がける

　それぞれを意識した投稿やFacebook利用を心がけましょう。

➡Facebookページの投稿には8:2の法則がある

　Facebookページでは、あなたの会社の専門知識を活かした情報・ノウハウの提供がメインとなります。花屋であれば「花に関する情報やノウハウ」、薬局であれば「健康に関するノウハウ」、不動産関連であれば「住まいを快適にするノウハウ」など、さまざまなアイデアがあるでしょう。

　しかし、すべての投稿がそういったものばかりだと、ファンが飽きてくるかもしれませんし、ネタ切れにもつながりかねません。そこでFacebookページに投稿する内容の目安は、

「会社の業務に関わること」：「プライベートなど」＝8：2

としてください。

　それぞれの具体的な内容例は次のとおりです。

■ 8:2の法則

会社の業務に関連すること（8割）	プライベートなど（2割）
・業務に関する専門知識を活かした情報・ノウハウ（こちらがメイン） ・スタッフの紹介や働いている様子・経営者の想いやビジョン ・ファンからの要望や質問に関する回答 ・商品やサービスの紹介（多すぎるとシラけるので、頻度はほどほどに）	・経営者／社員のプライベートや趣味、会社の近隣紹介、季節の催し、など

くり返しになりますが、Facebookページの投稿の中心は「あなたの会社の専門知識を活かしたノウハウ」であるべきです。

このような情報を定期的に受けとることで、ファンは次第に「あの会社は、○○の分野で信頼できる会社だ」と思うようになります。ですが、投稿のパターンがそればかり単調になってくると、飽きられてしまいます。ファンの気持ちを考えながら投稿のバリエーションを検討していきましょう。

逆に個人アカウントの場合は、

「会社の業務に関わること」：「プライベートなど」＝2：8

程度がいいようです。あまり堅苦しい話よりも日常の様子を公開することで、あなたの人間性に接してもらい、まずは距離を縮めて親近感・共感を持ってもらいましょう。

そのうえで、たまにあなたのFacebookページの業務に関する投稿をシェアして、少しずつあなたのビジネスについて意識してもらい、最終的には企業Facebookページへと誘導していくことをおすすめします。

▶ Facebookはチーム戦！ 仲間同士がそれぞれサポーターになって投稿する

私はSNSセミナーの講師として各地の商工会議所や商工会を回ることも多くあります。毎回、それぞれの土地の商工会議所や商工会の会員さん（つまり、中小企業の経営者さん）が、10数人〜20人程度、私のセミナーに参加してくれます。

そのセミナーの中で毎回、私が必ず参加者のみなさんにお願いすることがあります。それは、

「このセミナーが終わったら、今日の参加者のみなさん同士、まずはFacebook上でお友達になってください！」

ということです。なぜなら、Facebook成功のポイントは「お互いのビジネスを応援しあう仲間・同志を、どれだけ見つけられるか」という点にあるからです。

　すでに説明した「現在の顧客は大変疑り深くなっている」ことに関係があります。顧客はある企業やお店が自社の製品を宣伝したところで、かんたんには信じてはくれません。今や大企業やマスコミでさえ平気でウソをつく時代とお客様は考えている、ということでしたね。

　逆に、自分のよく知っている人・信頼している人がおすすめする商品・サービスには心を開きます。

「○○さんが紹介しているなら大丈夫だろう」
「××さんも使っているらしい。なら安心だ」

という信頼できる筋からのクチコミ情報なら安心するのです。

　そして、この「信頼できる筋からのクチコミ」を発生させられるのがFacebookです。もちろん、自分1人だけでそんなクチコミを発生させられません。そこで、「商工会・商工会議所の仲間」でチームを組むことが有効になります。たとえば10社仲間がいれば、その10社がお互いの商品・サービスをしっかり使って、その評価をFacebookで投稿するのです。具体的には、

　①Aさんの商品をBさん（Aさんとチームを組んでいる方）が購入・利用
　②Bさんは商品の評価や気に入ったポイントなど、をFacebookの個人ア
　　カウントに投稿する
　③BさんのFacebook上の友達（チームの方以外）がその投稿を見かける

という流れになるわけです。すると、Bさんの友達は「あ、Aさんという方の商品を、Bさんが使っている。どうも良さそうだ。ならウチも……」という気持ちになるでしょう。

　もちろん、そんなにかんたんに買ってくれないかもしれませんが、少な

くともBさんの友達は「Aさんのところの商品は良さそうだ」という印象を持ちます。こうした取り組みの継続がソーシャルメディア・マーケティングの神髄であり、このようなことをくり返して多くの方のマインドの中に、「Aさんの商品に対する信頼」を醸成できるのです。

ただ、チームのメンバー同士でお互いの商品についての記事を投稿する場合でも、決してウソをついてはいけません。あくまで「それぞれが自信のある商品を持ち寄って、お互いに応援する」というスタンスで臨みましょう。そうでなければ、仮にBさんの友達がAさんの商品を買ってみて満足しなかった場合、2度とAさんの商品を購入することがないばかりか、「Bさんの記事に騙された！」と思い、Bさんに対する信頼まで失ってしまいます。

いくらソーシャルメディアを利用しても、「顧客に支持されない商品を売ることができる」という、魔法の杖のようなマーケティングは存在しません。あくまで「もともとよい商品をソーシャルメディアの力でお客様の心の中に信頼感を醸成する」というのがソーシャルメディアで信頼を産むマーケティングの本質です。

➡️「いいね！」の数から分析するクセをつけよう

最初は何を投稿していいかわからなかった人でも、何度も投稿しているうちに、

「今回の投稿は『いいね！』の数が多い」
「コメント欄が賑わっている」

などと感じることがでてきます。逆に「いいね！」やコメントが少ない投稿もでてくるでしょう。投稿した結果に違いがでてきたら、「どうしてだろうか？」と理由を考えるクセをつけることが必要です。

Facebookをはじめたばかりのころは、1つでも「いいね！」やコメントがつくとうれしかったかもしれません。しかし、いつまでたっても反応が

変わらないのであれば、モチベーションも下がってしまいます。大切なことは「起こったことの原因を推測し、次の投稿では改善をする。そして目標値を設定する」ということです。

➡ 投稿結果でチェックすべき3つのポイント

では、具体的にどのようなことをチェックすればいいのでしょうか？ポイントは以下の3点です。

▶ 投稿内容

まずは投稿の内容です。投稿の内容が「ありふれたこと」「だれもが知っていること」などであれば反応は小さくなります。しかし、たとえば「だれもが知っているニュース」でも、そこにあなた自身の考えが書かれていれば反応はよくなるでしょう。読者（友達）は「オリジナルなもの」「刺激があるもの」を好むのです。

しかし、読者の反応をさらに上げようとして「刺激的すぎる内容」にすると、それも敬遠されます。「毒舌がすぎて誹謗中傷になったもの」「政治色・宗教色が強すぎるもの」などはリアルの場でも敬遠されますが、SNS上でも同じです。バランスを保ちつつ、あなた自身のオリジナリティをだすといいでしょう。

▶ 文章の長さ・書き方

投稿内容のほかにも「文章の長さ」「文章の書き方」も読者の反応に影響します。一般論としては、長文よりもひと目で読める分量が好まれる傾向にあります。しっかり伝えたいときは長くなってもかまいませんが、数行置きに1行空けたり、相手に向かって語りかけたりする書き方だと読まれやすくなります。

▶ 画像

また、文章だけでなく、画像も追加されていると読者の反応は格段によ

くなります。特に「綺麗な風景」「かわいい動物」などは多くの支持を集めますが、そうではなくても、投稿の内容にあう画像を添付するだけでアイキャッチになり反応の向上が期待できます。ぜひ、さまざまなカタチの投稿を試しながら反応がよくなる投稿の工夫を自分なりにつかんでいきましょう。

　ただし、ファンの反応ばかり気にしていると当初の目的からずれて「いいね！」やシェアの数ばかり増やすことが目的と化してしまうことがあります。たとえば「会社の業務とまったく関係ない、小動物や綺麗な風景の写真ばかり投稿する」などです。

　バランスを考えたうえで意識的にそういった投稿をするのはもちろんかまいません。常に目的を意識したうえで事前の計画に従い「目的に合致した方向でファンとの信頼関係が構築できているか」をチェックしましょう。

COLUMN

Facebook navi

　Facebookの操作方法は、Facebook公式ナビゲーションである「Facebook navi」をご覧ください。

https://f-navigation.jp/

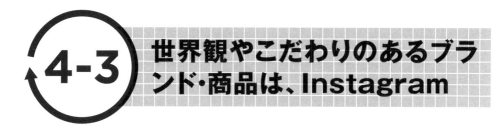

➡ 今、Instagramが注目されているのはなぜ？

Instagramは2010年にスタートした後発のソーシャルメディアです。しかしながら、今一番勢いがあるソーシャルメディアといっても過言ではありません。

なぜ、Instagramにユーザーの人気が集まるのでしょうか？

その理由として、次の3点が挙げられます。

▶ 静止画像や動画が中心の感性を揺さぶるメディアである

Instagramは画像や動画が中心のソーシャルメディアです。FacebookやTwitterでも動画を扱うことはできますが、それらはテキストがメインのツールです。それらに対し、Instagramは画像や動画を共有することに特化していて、撮影した画像・動画をかんたんに加工して投稿できます。

操作がかんたんとはいえ、Instagramのユーザーは流行に敏感な若者層が多く、自分のこだわりを表現するために、撮影や加工に時間をかけます。Instagramの中には、そうしたこだわりの画像や動画が蓄積されており、アクセスするユーザーの感性を揺さぶるメディアになっているのです。

▶ ユーザーが世界観に浸れる仕組みが用意されている

Instagramには、Facebookの「シェア」やTwitterの「リツイート」に相当する投稿の拡散機能がありません。また、1つひとつの投稿には「ほかのサイトへのリンクURL」を付加することもできません。結果的に、ユーザーの閲覧する画像・動画は「自分がフォローした人の投稿」が圧倒的に

多くなります。自分の志向にマッチした心地よい体験に没入しやすい、と
いえるでしょう。

　また、Instagramのユーザーは気になるアカウント（別のユーザー）がい
た場合、相手のプロフィール画面を開いて過去の投稿一覧を確認し、「そ
の相手をフォローするかどうか」を判断することが一般的です。そのた
め、多くのユーザーは、

「過去の投稿の1枚1枚が、自分の伝えたい世界観を表現しているか」
「1枚1枚の写真の集合体（投稿一覧画面）が統一された世界観を作り出して
いるか」

を常に気にしています。なぜなら、ユーザーがフォローするのは、自分の
感性に響くような投稿をしているアカウントだからです。

　以上のような仕組みで、それぞれのユーザーが「自分なりの世界観を表
現する投稿」を志向しており、そうした投稿を閲覧するユーザーが十分に
楽しめるようになっているのです。

▶「こだわり」を表現する機能以外にも、日常を表現しやすい機能が追加されている

　「こだわり」「世界観」を表現するユーザーが多いことは、少し前に「イ
ンスタ映え」という言葉が流行語になったことからも明らかでしょう。

　Instagramの投稿（通常投稿）は、大切なプロフィール画面に一覧で表示
されますから、こだわりのあるユーザーは「1枚でも気の抜けた投稿があ
るのは許せない！」というマインドになる傾向があります。しかし、それ
では非常に窮屈な世界になってしまいますよね。世界観にこだわる投稿を
する一方で、普段から仲のいい友人同士では気軽な投稿を楽しみたい、と
いうニーズもあるでしょう。

　そこで、通常の投稿機能に加えて「ストーリーズ」という機能が実装さ
れました。ストーリーズは、通常投稿と同じように画像・動画をアップで
きますが、次の点で大きく異なります。

・スマホの縦画面に全画面表示され、没入感が高い
・24時間で消えてしまう。また、プロフィール画面の一覧に出てこない

　以上のような特徴から、ストーリーズは仲のいい友人同士でコミュニケーションを楽しむ目的によく使われています。

・不特定多数のユーザーには、自らの世界観をアピールする「通常投稿」
・仲のいい友人同士では、ゆるく使える「ストーリーズ」

というように、ニーズにあわせた機能が使えるようになっているのです。

➡Instagramをビジネスで活用する5つの基本戦略

▶ アカウントをビジネスプロフィールに変更する

　Instagramでアカウントを作成すると、最初は「個人用アカウント」として作成されます。ただ、ビジネス用途でInstagramを利用するためには「ビジネス用プロフィール」に変更するようにしましょう。ビジネス用プロフィールにすると、以下のようなことができるようになります。

・Instagramの分析機能（インサイト）が利用できる
・Instagram広告を出稿できる

　なお、ビジネス用プロフィールへの変更は、アカウントの設定画面でおこないます。Instagramの操作方法の詳細は、公式ヘルプセンターを参考にしてください。

・**Instagram　ヘルプセンター（公式）**
　https://www.facebook.com/help/instagram

▶ #（ハッシュタグ）を適切に活用する

Instagramでは投稿につけるハッシュタグが重要になります。ハッシュタグとはInstagramの投稿を分類するラベルのようなもので、「#（半角シャープ）」を任意の文字列の前につけて使います。

#八王子
#イタリアン
#マルゲリータ
#女子会

Instagramでユーザーが投稿を検索する際、検索対象となるのはハッシュタグのみです。投稿の本文に書かれたテキストは検索対象になりません。そのため、あなたのことをフォローしていないユーザーに投稿を見てもらうには、適切なハッシュタグをつけることが必須です。

ハッシュタグはTwitterでもよく利用されますが、Twitterの場合は本文のテキストも検索対象になりますので、ハッシュタグをつけていなくとも検索できます。つまり、InstagramはTwitterよりもハッシュタグの重要性が高いといえます。

また、これまで「商品やお店のクチコミ情報」はGoogleやYahoo!などの検索エンジンで探すことが一般的でした。しかし、現在のInstagramやTwitterのユーザーは、InstagramやTwitterの中で検索するような行動様式に変化してきています。なぜなら、GoogleやYahoo!の検索で上位に表示される情報は「SEOを実施した営利的な目的の情報である」と彼らは考えているからです。つまり、

「SNSの中のほうが、信頼できる本当のクチコミが多い」

と考えているわけです。今後、インターネットを使ってビジネスを推進していくうえで、そうしたユーザーの思考を頭に入れておきましょう。

▶ ターゲットユーザーにマッチしたキャンペーンを実施する

Instagramを使って適切に「キャンペーン」をすると、ユーザーのロイヤリティ（忠誠心）を高めることができます。キャンペーンは、以下のアクションをすることを条件に、抽選で商品・サービスをプレゼントすることなどです。

・あなたのブランドの投稿をフォローする
・あなたのブランドの投稿にコメントをつける
・あなたの指定するハッシュタグをつけて、ユーザーが投稿する

これらの条件を組みあわせて利用することもあります。こうしたプレゼント企画を適切に実施すると、ユーザーのロイヤリティはさらに向上し、ユーザーとブランドとの距離を縮めることができます。

また「ユーザーに、指定したハッシュタグをつけた独自の投稿をお願いする」キャンペーンはユーザーの許可をとったうえで、ユーザーの作成したコンテンツ（投稿）をあなたのブランドのアカウントで利用することもできるでしょう。

▶ 「ショッピング機能」を利用し、ユーザーが自然と購入するように導く

Instagramのショッピング機能は、ユーザーがInstagramで見つけた商品を、Googleなどの検索エンジンを経由することなくシームレスに購買できる機能です。EC業者などがInstagramの世界観のなかで商品を訴求し、ユーザーが望めば直接ECサイトへ進んで購入できます。

このショッピング機能が利用できるアカウントは、実際に有形商品を販売する事業者であることや、そのビジネスはFacebookのコマースポリシーに適合するものであることなど、いくつかの条件を満たす必要があります。詳細は公式ページで確認してください。

・**Instagram　ショッピング（公式）**

https://www.facebook.com/business/instagram/shopping/guide

▶ インフルエンサーマーケティングを活用する

「インフルエンサー」という言葉を聞いたことがあると思います。数千から数万、あるいはそれ以上のフォロワーを抱える、SNS上で影響力を持ったユーザーのことです。インフルエンサーは有名人に限りません。数千フォロワー程度の一般人の方でも、独自の世界観を持った投稿を継続し、多くのユーザーの憧れとなっている人もいます。

インフルエンサーの多くは、特に美容・ファッション・グルメなどの分野で活躍しています。こうしたインフルエンサーと提携して自社の製品を自然な形で訴求してもらうことで、そのインフルエンサーに憧れを持つ一般ユーザーにアプローチできますね。このようなマーケティング活動を「インフルエンサーマーケティング」と呼びます。

現在では、企業が自らインフルエンサーを探さなくても、インフルエンサーをキャスティングする会社は多くあります。インフルエンサーマーケティングがはじめての場合、そういった会社を利用するのもいいでしょう。なお、インフルエンサーに対価を支払って自社の製品を使ってもらう場合、「PR案件」「提携案件」であることを明らかにすることが必要です。

➡ ユーザーの心をつかむ写真の撮影方法

ひと口に写真の撮影方法といってもさまざまなテクニックがありますし奥も深く、すべてを説明できるものではありません。ここでは、

初心者の方がInstagramで利用する写真をスマートフォンで撮影する

という前提で、かんたんに使えて効果を出しやすいテクニックを紹介していきます。

▶ プロフィール画面は「世界観」を意識した写真にする

前述のとおり、Instagramのユーザーが気になるアカウント（別のユーザー）を見つけた場合、そのアカウントのプロフィール画面の投稿一覧を見て、フォローするかどうかを決定します。つまり、1枚1枚の画像も大切ですが、「それらの画像が集合体として、どう見えるのか」がより一層大切になってくるのです。

「世界観の構築」といってもさまざまな手法がありますが、たとえば、

・各画像のフィルターを統一する
・同じ商品の画像を複数枚（2～3枚）続けることをルール化する
・商品を撮影するアングルに一定のルールを設ける

など、あなたのブランドや商品にマッチした世界観が演出できるよう、工夫をしてみてください。

▶ 写真編集・画像加工アプリ「VSCO」を利用する

世界観にあう画像を残すためには、画像の編集や加工は欠かせません。Instagramの基本機能でも、編集や画像加工できますが、専用のアプリを利用することで、1段上のアウトプットができるようになります。

おすすめのアプリは「VSCO（ヴィスコ）」。基本機能は無料で使え、無料の範囲でもさまざまな編集機能やフィルターが利用できます。スマートフォンで撮影した画像でも一眼レフカメラを使った写真としか思えないような、さまざまな加工ができるのです。

▶ グリッド線を利用する

グリッド線とは撮影時のカメラのモニターに縦横2本ずつ表示される線のことで、撮影時の構図などを考える際に参考となるものです。

■ グリッド線の入ったモニタ画像

グリッド線はどのように使えばいいのでしょうか？

- ・グリッド線の交点（4ヶ所）のいずれかに被写体のポイントとなる部分を配置することで、魅力的な構図の写真となる
- ・垂直・水平に撮影する際のガイドとなる（テーブルに置いた食器やグラスを水平に撮影する、など。微妙に斜めになると不安定に見えてしまいます）

　以上のようなことを意識するだけで、ワンランク上の画像に仕上がります。グリッド線を表示する機能はほとんどのスマホカメラアプリに搭載されていますので、一度ヘルプを確認してください。

▶ 自然光を利用する

　スマートフォンのフラッシュを使うと一部だけに強い光があたり、周辺と色味が異なってしまったり、影が強く出てしまったりします。基本はフラッシュをオフにして、自然光で撮影したほうが魅力的な写真に仕上がります。

▶ 俯瞰（真上から撮影）

　料理などに使われるテクニックです。特にピザやサラダなど、円形の食器に盛られた料理にぴったりの手法です。真上から撮影することで全体が見通せますし、オシャレな写真となります。

▶ 斜め上のアングルで撮影する

　前述のとおり、微妙に傾いている写真は不安定さを感じるため、グリッド線を使って水平・垂直にあわせることが必要です。一方で、躍動感を表現するには思い切って斜めに振った構図を採用することも有効です。

　料理の場合は接写することでシズル感を演出できるでしょう。

▶ 普段から小物を探しておく

　特に商品を撮影する際、ちょっとした小物を配置するだけでイメージがかなり向上することがあります。そうした小物類は、いざ撮影となってから探しても、なかなかイメージにあうものは見つかりません。将来の撮影のことを意識しながら、普段から小物類を探しておくことがおすすめです。

LINE（LINE公式アカウント）は開封率の高さを活かす

➡ LINEは「友達集め」が成功するポイント

4-1節の概要でも説明したとおり、LINE公式アカウントとはメッセージ交換サービスのLINEを使った企業向けサービスで、低価格でプロモーションできます。FacebookやTwitterのように情報が拡散するような機能はありませんが、メッセージ交換サービスならではの強みがあります。

一番大きいメリットは「開封率の高さ」でしょう。LINEでつながった相手（友達と呼びます）に、お店の方はLINE公式アカウントを使って、メッセージや画像、クーポンなどを送信できますが、そのメッセージはプッシュ式であり、ユーザーのスマートフォンに着信すると振動したり着信音を鳴らしたりします。そのため、ユーザーがスマホを手にしている場合、ほぼ100%着信に気づくでしょう。また、メッセージのタイトル部分はスマホのトップ画面にポップアップ（表示）するので、その意味でも気づかれやすくなります。

さらに、通常LINEのメッセージは友達や家族から届くものですから、ユーザーにとってうれしく感じるものです。LINE公式アカウントのメッセージは、そのようなメッセージと同じように届きますから「だれから届いたメッセージだろう」と着信のたびにユーザーは注意を傾けます。

以上のような理由からLINE公式アカウントの開封率はメルマガに比べ高くなっているのです。

➡ 注意したい2つのポイント

お店が配信するLINE公式アカウントのメッセージを常にユーザーに読んでもらうために、次の2つのポイントをおさえる必要があります。

①ユーザーに友達登録（友達追加）をしてもらう
②売り込みが強すぎてブロック（メッセージを見えなくされてしまうこと）されないようにする

　ユーザーがお店のアカウントを登録するためには、次のいずれかのアクションが必要になります。

（1）お店のアカウントIDを検索して登録する
（2）スマホでお店のアカウントのQRコードを読みとって登録する
（3）Webサイトなどに設置された「友達追加」ボタンを押して登録する

　いずれにしても、ユーザーが能動的に登録作業をしてくれないと何も届けることができません。実際にLINE公式アカウントの友達登録数が数人〜数十人しかいないお店は数多くあります。
　また、登録してくれたユーザーにブロックされないように注意しましょう。これは、今まで説明してきた「ユーザーに価値ある情報を提供し、信頼関係を構築する」ことと同じ考え方です。

➡ 成功のための3つのポイント

　逆に、うまく友達を増やしてプロモーションを成功させているお店も多くあります。以下、成功のためのポイントを説明します。

▶ 店舗内でのツールを充実させる

　LINE公式アカウントでは、三角POPやステッカーなどの告知グッズが用意されています（有償）。そこには自社のアカウントIDやQRコードが書かれているので、飲食店の場合はテーブルの上など、ユーザーが登録する時間を作れる場所に設置します。レジ前であれば、お会計のときに店員から登録を促すこともできるので、どのような業種でも対応しやすいでしょう。

また、サービス提供元が用意するグッズだけでなく、店内用ポスターや手作りPOPなど、認知を高めるツールを自作することも必要です。

▶ 登録のメリットを訴求する

ユーザー目線で「登録すると、どんないいことがあるのか」をきちんと訴求することが必要です。単なる割引だけでなく、たとえば「LINE公式アカウント登録ユーザー限定のメニュー」や「最新情報はまずLINEから配信」など、ユーザーに「登録しないと損だ」と思わせる施策を考えましょう。また常に同じサービスだとお客様も飽きてくるので、どこかのタイミングで新しい施策に変えていくことも有効です。

▶ 登録キャンペーンを実施する

上記の「登録のメリット」の延長ですが、「登録したら、その場で××がもらえる」などのキャンペーンは多くのユーザーに喜ばれます。ただし、キャンペーンの内容がありふれたモノだと効果は限定的ですので、ユーザーに「おっ」と思わせるアイデアを考えましょう。

以上、3つのポイントを継続して取り組むことで、LINE公式アカウントでの登録ユーザーを増やしていくことができます。ただし最終目的は「お店の集客と顧客育成につながる友達を増やす」ことです。「友達を増やす」ことだけにこだわりすぎると、登録してくれたものの集客や顧客育成に関係のないユーザーばかり増えることにつながりかねません。各施策は、「この施策で、お店の顧客・ファンとなってくれる友達が増えるか？」という視点で検証しながら進めていきましょう。

4-5 Twitterは「ゆるいコミュニケーション」が成功のカギ

Twitterをマーケティングに活用する場合、Facebookよりも難易度が高くなります。というのも、Twitterのユーザーには「ゆるいコミュニケーション」を目的としている人が多いからです。多くのTwitterユーザーは「ジョーク」「暇つぶし」「自分の趣味に関心あるトピックス」を求めています。

このことから、Twitterでのマーケティング利用に向く商品・サービスには第一に「趣味性の高い商品・サービス」が挙げられます。また、TwitterはFacebookと違い匿名性が高いため、「人にいえない悩み」やアダルトなどの分野の商品・サービスも向きやすいといえます。

それでは、Twitter利用のポイントを説明していきましょう。

▶ ゆるいコミュニケーションが成功を呼ぶ

TwitterのユーザーもFacebookと同じく、ほとんどの人は「企業の売り込み情報なんてほしくない」と考えています。そのため企業アカウントを設定した瞬間に、なかなかフォロワーが増えないという課題に直面します。Twitterでのツイート（つぶやき）は、フォローした人が受信しますから、フォロワーが増えないことは致命的ですよね。

では、企業アカウントがまったくダメかというと、そうでもありません。企業アカウントでも担当者の個性を活かすことで、普段はジョークやウィットの効いたツイートでフォロワーを増やしているケースもあります。

いったんユーザーとの間に信頼関係ができてしまうと、ゆるいツイートの間に時折ビジネスに関するツイートを挟んでも受け入れられるものです。つまり、成功のポイントは企業アカウントであっても、「フォロワーにゆるいツイートやコミュニケーションができるか」にかかっています。

▶ 炎上に注意

　Twitterで人気をとろうとしすぎると、担当者が意識しないうちに投稿内容が過激になったりエスカレートしたりすることがあります。Twitterは非常に拡散しやすく、また匿名性が高いこともあり、あなたの投稿内容によっては、ほかのユーザーから批判・誹謗中傷が殺到することがあります。これを「炎上」といいます。

　企業アカウントが炎上すると、それまで積みあげてきた信頼・ブランドが大きく毀損されます。特に差別的な内容や政治・宗教的な内容は炎上しやすいですし、またどんな内容でも過激なもの・極端なものも炎上しやすいといえます。そういったツイートを避けるよう、普段から意識しておくことが重要です。

▶ フォロワーを効率的に増やす

　あなたのつぶやきを多くの人に伝えるためには、フォロワーを増やすことが必要です。

　まずは、検索機能を使ってさまざまなユーザーの投稿を閲覧し、あなたのビジネスに興味関心がありそうな（＝見込み顧客になりそうな）ユーザーを積極的にフォローしましょう。一度にあまり多くフォローするとスパム行為になりますので、少しずつフォローしていきます。多くのTwitterユーザーは、他人からフォローされるとその人のことが気になります。そして、一定の確率であなたの企業アカウントをフォローしてくれるでしょう。

　このようにフォロワーを増やしながら、日々、フォロワーの興味をひくようなツイートを継続します。Twitterは1投稿の上限が140字と文字数も少ないですし、新しいツイートのみがフォロワーの目に留まるような仕組みになっていますので、1日に数回～十数回ツイートするほうが効果的です。

▶ リツイートの効果的な使い方

　とはいえ、「1日に何度もツイートする」といわれると気が滅入るかも

しれません。そのような問題は、リツイートをうまく使うことで解消できます。

リツイートとは、他人のツイートをそのままコピーしてフォロワーにつぶやくことです。コピーといっても「最初にツイートしたユーザー」が明確になっているTwitterの正式な機能です。おもしろいツイートを積極的にリツイートするとフォロワーに喜ばれます。

また、あなたのフォロワーのツイートでおもしろいものがあれば、そちらも積極的にリツイートしましょう。自分のツイートがリツイートされると「認められた」気がしてだれでもうれしいものです。

このようなことをくり返しているうちに、多くのフォロワーから好意を持たれ、またあなたのツイートをリツイートしてくれるフォロワーも増えるでしょう。

以上、Twitterの利用方法を説明してきましたが、先にも書いたとおり、TwitterはFacebookより難易度が高いうえに炎上リスクもあります。なによりも「Twitterを楽しむ」意識のある担当者が運用しないと、本人が辛いばかりか、ほとんど効果も上がらないでしょう。

そういったポイントを頭にいれたうえで、Twitterにどの程度力をいれるのかを、マーケティング戦略全体をふまえて判断することが大切です。

第 **5** 章

「広告」を使って
最速で結果を出す

アラサー会社員E子の憂鬱
～Web広告で目についた婚活パーティーに申し込むまで

◘ シーン①

　E子は大手食品メーカーの商品企画部に勤めるアラサー女子です。毎日の仕事はハードですが、楽しくやりがいのある日々を過ごしています。

　そんなE子のプライベートはというと……大学時代から付き合っていた彼がいましたが、3年前、多忙によるすれ違いが原因で別れてしまいました。以来ずっとフリーなのですが、仕事が充実していることもあって特に寂しさなどは感じていませんでした。

　しかし先日、学生時代の仲良し3人組のX子とY子が相次いで結婚することがわかりました。学生時代は女子大だったこともあり、仲良し3人組のうち彼がいるのはE子だけ。当時は残る2人から「E子が一番に結婚しそう」と言われていたのです。そんなこともあり、ちょっとだけ焦りに似た感情を感じるE子でした。

　次の休日、E子が自宅でX子とY子の結婚祝いを探すためにギフトを扱うサイト見ていたとき、サイトの本文下に「タイミングは自分で作る！婚活パーティーなら〇〇」とテキスト広告が表示されました。
「婚活パーティーかぁ……」

　ちょっとだけ気になったE子でしたが、その日は2人へのお祝い品を決める必要があったため、その広告は読み飛ばして商品選びに戻りました。

◘ シーン②

　ある日の夜、X子の結婚式の2次会の段取りの件で3人が集まりました。ひと通り打ち合わせを終え、夕食をとっていたとき、E子はY子から「いい人いないの？」と聞かれました。X子もY子も、E子が前の彼と別れたことは知っていますが、それ以降のことは知りません。

　E子は正直に、仕事が充実していて特に焦っていなかったが、2人が結

婚すると聞き、少しだけ焦るような気持ちになったことを告白しました。

　それを聞いたX子は、「仕事が忙しくても、婚活パーティーなら自分のスケジュールに合わせて予約できるわよ。年代別とか色々あるみたい」とE子に言いました。

　E子はなるほどと思い、自宅に帰ると検索エンジンで「婚活パーティー　30代」と検索してみました。すると、さまざまなWebサイトの情報や広告が……。あたりまえですが、どれも婚活パーティーに関するものばかりで、どれを選んでいいかわかりません。

　そんな中、「タイミングは自分で作る！　30代の婚活パーティーなら〇〇」という、どこかで見た記憶のある文言がありました。

　思わず、E子はその広告テキストをクリック。パーティーの概要を見てみるとなかなかよさそうで、続けて直近のスケジュールを見てみました。今度の土曜日に30代向けパーティーがあるようですが、その時間はちょうど別の予定が入っていました。E子は次の日程を探そうかと思いましたが、明日朝が早いことを思い出しました。

「今夜は遅いから、また別の日に探そう」

　そう考えて、その日は寝る準備に入りました。

■ シーン③

　平日の朝、始業前にマーケティング関連のポータルサイトをチェックしていたE子は、そのサイトの本文下に、例の婚活パーティー会社の広告が表示されていることに気がつきました。

　「こんなビジネス系のサイトにまで広告を出すなんて、大手企業なのかしら。それに、もしかしたら私の仕事に理解がある男性も多いのかもしれないわ」

　E子は広告をクリックし、婚活パーティーのサイトを開きました。さすがに会社でサイトをみるのはマズイので、URLをコピーしてメールに貼り付け、自分のプライベートアドレスへ送信しました。

　夜、自宅に帰ったE子は、ゆっくりとパーティースケジュールを検索し、30代パーティーの予約をするのでした。

5-1 中小企業がまずはじめに実施すべきWeb広告とは

➡ Webサイト作成後はWeb広告を使って集客しよう

　3章では成果が上がるWebサイトの構築方法を説明しました。しかし、じつはどんなに力を入れて構築したWebサイトでも、最初から大きな効果を得ることは不可能です。Webサイトをいったん完成させ、さまざまなユーザーにアクセスしてもらい、そのプロセスや結果を分析ツールなどを使って把握し、Webサイトの修正や調整をくり返して、本当に成果の出るサイトとなります。第1章で述べた「あなたのビジネスに最適化し、研ぎ澄まされたサイトにする」ということです。そのためにも、Webサイト公開直後から、お金を払ってでも多くのユーザーにアクセスしてもらうことが必要です。

　そこで活用できるのがWeb広告です。さまざまなタイプの広告がありますが、いずれもWeb上のテキストや画像などの広告をクリックすることで、あなたのサイトにネットユーザーを集客することが基本となります。

➡ まずはリスティング広告からはじめよう

　リスティング広告とは、先ほどの事例＜シーン②＞に登場するもので、GoogleやYahoo!の検索結果画面に表示させるテキスト広告です。この広告をユーザがクリックすることで、費用が発生するクリック課金という方式を取っており、画面に表示されているだけでは費用は1円も発生しません。「1日の広告予算を○○円とする」など柔軟な設定ができ、数千円〜数万円の小さい予算から広告を始めることができます。費用対効果もわかりやすく、現在Web広告の中で主流となっています。

　検索エンジンの検索結果に表示されるということですから、いってしまえば、「検索結果の上位表示をカネで買う」ということです。検索エンジ

ンで検索しているユーザーの心理には、明らかに「何かを知りたい・欲しい」という能動的な欲求、明確な顕在需要があります。Web広告を使えば、その欲求、需要に対し、必要であれば数百から数千の検索語句において、あなたのサイトを上位表示できるのです。「ビジネスは時間との勝負」といわれますが、この機能を使わない手はないでしょう。

　リスティング広告利用時に気を付けることとしては、ユーザーが広告をクリックした後、あなたのWebサイトにアクセスしても、サイトの出来が悪かったりターゲットからずれていたりすると、すぐにユーザーは離れてしまい、コンバージョンに繋がらず赤字だけが残ってしまうということです。もし、事例の中で「30代　婚活パーティー」と検索したE子が広告をクリックした後、画面に「50 ～ 60代のお見合いパーティー」と大々的に書かれたWebページが表示されたら、まちがいなくE子はその画面から離脱し、検索エンジンに戻るでしょう。

　また、リスティング広告は人気のある手法のため、広告費が上がっていく傾向にあります。しかし、この本を読んでツボを押さえた運用をすれば大きな成果につながるはずです。ぜひチャレンジしてほしいと思います。

■ リスティング広告

➡ GoogleとYahoo!のどちらに出すべきか？

　わが国の検索エンジン市場のシェアは、GoogleとYahoo!の2つで9割以上を占めています。リスティング広告についても、GoogleとYahoo!が提供する広告配信システムが代表的なものです。

　前者を「Google 広告」、後者を「Yahoo!広告」といいます。また、これらが提供しているリスティング広告（検索結果連動広告）の正式名称は「検索広告」といいます。これらGoogleとYahoo!のリスティング広告を比較すると、一部の機能や画面、操作性などが異なりますが、基本的にはGoogleの仕組みをYahoo!が利用しており、機能追加などもYahoo!がGoogleを後追いしている状態です。

よく聞かれる質問に、

「GoogleとYahoo!のどちらにリスティング広告を出せばいいでしょうか」

というものがありますが、結論からいえば、どちらにも同じように取り組むべきです。
　そもそも、GoogleとYahoo!の検索エンジンを同じ頻度で使っている人はどのくらいいるでしょうか？　あなた自身や周りを見回しても、どちらか1つを使っていることが大半だと思います。つまり、どちらか一方にしか広告を出さないことは、広告から取りこぼしてしまう層が出てしまう、ということです。

「Googleの利用者には男性やITに詳しい人、Yahoo!の利用者には女性やITに弱い人が多いので、扱う商品に合わせてどちらにリスティング広告を出すか決めたほうがいい」

といわれる方もいますが、それぞれの利用者は以前ほど違いがなくなってきていますし、「ターゲットに合っている」と思った検索エンジンのほうが競争が激しく、かえって費用がかかってしまった、ということもあり得ます。つまり、実際にやってみるまでわからない点が多いのです。
　GoogleとYahoo!のリスティング広告は、どちらも同じ考え方・ほぼ同じ操作性で実施できるわけですから、まずはそれぞれに取り組んでみて、運用しながら成果の上がるほうの比重を上げていく、といった手法がおすすめです。

広告とPR

　よく広告と並んで使われる用語に「PR」というものがありますが、あなたは「広告とPR」の違いがおわかりでしょうか？

　PRとは「パブリック・リレーションズ」の略であり、主にメディアの関係者との関係性を構築し、企業や商品について取り上げてもらえるように訴求することです。

　一方、広告とはメディアや代理店に金銭を支払い、企業や商品の情報を発信することです。

　似たような印象を受けるかもしれませんが、PRの場合は基本的にお金がかかりません。企業側がメディアの関係者にお願いをする、という形になります。メディアのほうには掲載の義務はなく、自分達が「その情報には価値がある」と感じればメディアに掲載されますし、そうでなければ掲載されないだけです。

　さて、Webマーケティングと親和性の高いPRといえば、「プレスリリース」が挙げられます。

　プレスリリースでは、あなたの会社や商品・サービスについてメディアに取り上げて欲しいことを執筆し、メディアに対して直接情報発信します。先ほどの説明のとおり、あなた自身で原稿を書き、あなた自身が各メディアに発信すればお金がかかることはありません。一方で、メディアに対する発信代行や原稿の代理執筆をする業者も多く、そういったサービスを利用すればもちろん費用がかかります。

　新しいWebサイトの立ち上げ時など、本章で学ぶWeb広告は非常に有効に使えますが、並行してプレスリリースの活用も検討する価値は十分にあります。

5-2 成約率がアップする ランディングページの法則

➡ 広告の効果を最大にする方程式とは

リスティング広告はクリックするたびに費用が発生しますから、1クリックあたりの費用は小さいほうがいいですし、どんなにクリックされても成果につながらないと意味がありません。

それでは、リスティング広告の効果（コストパフォーマンス）を最大にする方程式とはどのようなものでしょうか？

それは、

【1クリックあたりの費用をDOWN↓】×【成約率をUP↑】

です。たとえば、先の婚活パーティーの場合は、「ユーザーが婚活パーティーに申し込みをする」が成果でしょうから、できるだけ少ない来訪（＝広告のクリック数）で申し込みが発生したほうがコストパフォーマンスは上がります。考えてみればカンタンなことですよね。

なお、「1クリックあたりの費用」のことをWebマーケティング用語でCPC（コスト・パー・クリック）と呼びます。また、成約率は第1章で学んだとおり、CVR（コンバージョン・レート）です。

これを使って先ほどの方程式を言い換えると

【CPC（1クリックあたりの費用）の最小化】×【CVR（成約率）の最大化】

となります。CPCやCVRなどの用語は、Webマーケティングに本格的に取り組むためにはぜひ覚えてほしいものですが、ここでは、まずはコストパフォーマンスを最大化するための考え方だけしっかり頭に入れてください。

ランディングページはユーザーのマインドを考えて決めよう

　ここでは、まず、【CPCの最小化】と【CVRの最大化】のうち、後者の施策について考えてみます。

　【CVRの最大化】は、ずばりランディングページの出来で決まります。

　第1章でも説明したとおり、ランディングページとは、ユーザーがほかのサイトや検索結果、リスティング広告からあなたのサイトに訪問した際に最初に表示されるページのことです。特にリスティング広告では、広告がユーザーにクリックされたあと、どのようなページを表示させるかを広告単位で自由に設定できるため、ここにどれだけ力をいれるかによって成果が何倍も違ってきます。

　ランディングページのよくあるパターンとして、企業サイトのトップページが表示される場合がありますが、あまり得策ではありません。たとえば、検索エンジンで「30代　婚活パーティー」と入力した結果、表示されたリスティング広告をユーザーがクリックした場合、どのようなページが表示されるとユーザーの期待にこたえることができるでしょうか。

　この場合のユーザーのマインド（どのような意識・気持ちになっているか）を想像してみましょう。まさに事例のE子のケースです。おそらく

「30代が出席できる婚活パーティーにはどんなものがあるのだろうか」
「30代が出席できるお見合いパーティーを探したい」

そういったマインドに違いありません。そうであれば、ランディングページには「30代の方が出席できるパーティーの概要」や「これから開催予定の30代向けパーティーのスケジュール一覧」などを、ユーザーのマインドに合致するコンテンツとして大きく表示するべきです。

　一方、同じようにユーザーが「30代　婚活パーティー」と検索して表示された広告をクリックしたときに、婚活パーティー運営会社のトップページが出たらどうでしょうか？　一般的には、婚活パーティー運営会社

のトップページには、さまざまなニーズのパーティーに関する情報が掲載されているでしょう。その中には、30代向けだけではなく、20代向け・40代向け・50〜60代向け・バツイチ向けなど、そのパーティー会社が運営するすべてのパーティーに関する情報が万遍なく掲載されているはずです。

仮に、ユーザーが「婚活パーティー」というキーワードで検索したのであれば、すべてのジャンルのパーティーを探せるトップページをランディングページにするのもいいでしょう。しかし、明らかに30代のパーティーを探しているユーザーに対してトップページを表示させるのはよくありません。ユーザーはさまざまな情報が掲載されているページから30代のパーティーに関するページを探してそのページに遷移します。これは、直接30代のパーティーのページをランディングページにするのと比較して、自分の目で情報を探し出して1つ画面を遷移するという手間が増えることを意味します。そうすると、その分、あなたのWebサイトから離脱する確率が高くなるのです。

ユーザーは検索結果をクリックした後でも検索で入力したキーワードを意識しています。自分が訪問したページが、自分の求めていたページかどうかを直感的に判断するためです。そんなときに、自分の意識したキーワードとジャストフィットしていないページを見ると、検索画面に戻って、別の広告や検索結果をチェックすることも十分考えられるのです。

以上のように、CVRを向上させるためには、「ユーザーのマインド（＝検索したキーワード）とできるだけマッチするランディングページを表示させる」ということが非常に大切です。

➡ 成約率（CVR）を上げるランディングページのポイント

「ユーザーが検索したキーワードとランディングページの内容を合わせる」とは、あなたが多くのキーワードでリスティング広告を出稿するならば、それに合わせてできるだけ多くのランディングページを用意するということです。

ランディングページを作る際、ほかにどのようなことに気をつけるべきでしょうか。ランディングページといえども、基本は「売れるチラシ」「売れるWebサイト」と同じです。ランディングページのライティングにおいても、基本的には第3章80ページの「結果・共感・事実・保証を踏まえて書く」を参考にしてください。そのうえで、専用のランディングページを作成する際に特に押さえておきたいことを説明します。

▶ 1枚もののページを作る

専用のランディングページでは、ページ遷移をなくし、上から下へスクロールして読んでいくだけの1枚もののページがよくみられます。

これは、ランディングページからコンバージョンのボタンまでページの遷移が多いと、どうしても途中で離脱するユーザーが一定数でてきてしまうためです。

たとえば、サプリや食料品など、比較的低価格で衝動買いが期待できる商品などには少しでもコンバージョンを高めるためにこのようなページを利用することも有効です。

1枚もののページには、

・できるだけわかりやすい操作にして迷わせない
・一気にコンバージョンのボタン（購入など）までたどりついてもらい、気持ちが盛り上がっているうちにボタンを押してもらう
・ユーザーへのオファーを1つに絞り、迷わず行動させる。たとえば、［購入する］ボタンしか設置しない

などのマーケティングテクニックが使われています。

ユーザーが慎重に比較検討する高額商品の購入ページなどでは、このような1枚もののページですぐにコンバージョンに結び付くことは考えにくいですが、そういった商品の場合でも、いきなり購入をコンバージョンに設定するのではなく、「無料小冊子申し込み」「メルマガ登録」（＝リスト収集）など、敷居の低いオファーをコンバージョンとして設定することによ

り、専用のランディングページが活きてきます。

▶ 心理法則を効果的に使う

あなたの公式Webサイトであれば、ユーザーが何度も訪問する可能性もあります。信頼性を第一に考え、心理法則は多用し過ぎないことが基本です。しかし、専用のランディングページは何度もユーザーが目にするものではありませんし、また、検索結果からきたユーザーの中には明らかに買う気マンマンの人もいるでしょうから、一般的なページより、多く心理法則を利用するほうが効果が出る場合もあります。

▶ SEOを考慮しなくてもいい

Webサイトの既存のページの場合、当然SEOを考える必要があります。また、一度検索結果で上位表示されると、検索結果の順位下落のリスクがありますから、ページに大きな変更を入れにくいものです。

しかし、専用のランディングページは、広告からの訪問だけを考えたものですから、検索結果の順位（SEO）を考慮する必要はありませんし、訪問したユーザー動向を見て、大胆にページを作り替えることも問題ありません。

ただし、あまりにも1ページの縦長スクロールにこだわってしまい、ページが縦に長くなり過ぎると、かえってユーザーが離脱してしまうこともありますので注意が必要です。このことは、「スクロールの一番下だけはなく、途中でもコンバージョンのボタンを配置する」という方法である程度クリアできますが、インパクト重視で画像を多く使っていたりすると、ページの読み込みが遅くなることがあります。

ページの読み込みが遅くなると、イライラしたユーザーが離脱する怖れがありますし、後述する「広告の品質スコア」もマイナスとなります。ページの読み込み速度にも十分注意しましょう。

以上のような工夫をしながら、何種類もランディグページを作っていくことはかんたんなことではありませんが、地道にキーワード＋ランディン

グページのセットを増やしていけば、他社にマネされにくい独自の強みとなります。ぜひ、長い目で育てていく広告戦略を検討していきましょう。

クリック費用最小化のカギを握る品質スコア

➡ キーワードはミドルワードとスモールワードから選ぼう

リスティング広告には「広告として成果を上げる」目的以外に、「SEOに有効なキーワードを時間をかけずに探す」という目的もあります。リスティング広告は、何千でも何万でも、多くのキーワードで検索エンジンの上位表示をすぐに実現できるという利点があるからです。

それでは、

「なんでもかんでも、思いついたものをかたっぱしから登録すればいい」

のでしょうか。

実はそうではありません。キーワード選びには、いくつかのポイントがあります。基本的なキーワード候補の選び方は第3章97、112ページで説明していますが、ここでは【CPCの最小化】と【CVRの最大化】のうち、【CPCの最小化】＝リスティング広告のクリック費用を下げるためのキーワード選びのポイントについて説明します。

後述するように、広告のクリック費用は「品質スコア」というものに影響されます。この品質スコアを上昇させる要因に「広告のクリック率を上げる」というものがあります。

たとえば、「新宿で開催！　30代の婚活パーティー」という広告を出す際、以下のキーワードのうち、クリック率が高くなるのはどれでしょうか。

「パーティー」（超ビッグワード）
「婚活パーティー」（ビッグワード）

「30代　婚活パーティー」（ミドルワード）
「30代　婚活パーティー　新宿」（スモールワード）

　明確な区分けがあるわけではありませんが、Webマーケティングの世界では、ユーザーに検索される回数が大きいものから順に「ビッグワード」「ミドルワード」「スモールワード」と呼んでいます。
　上記のうち、明らかに検索の総回数が多いのは「パーティー」でしょう。しかし、「パーティー」という言葉で検索している人のマインドはさまざまです。
　たとえば、

「パーティーのマナーを知りたい」
「パーティーを開催できる会場を知りたい」
「パーティーという言葉の語源を知りたい」

など、多種多様なマインドを持つ人がいそうです。おそらく、「新宿で開催される30代向けの婚活パーティーを探したい」というマインドの人はほとんどいないのではないでしょうか。
　つまり、「パーティー」というキーワードで検索された場合に「新宿で30代の婚活パーティー」の広告を出した場合、検索回数は多いので、広告の表示回数（インプレッション）は大きくなると予想できます。
　しかし、その広告は「パーティー」で検索した人のマインドと合致しないので、ほとんどクリックされない可能性が高いのです。
　クリック率とは、

　実際のクリック数÷広告の表示回数

ですから、この場合、クリック率が低下し、結果として品質スコアも低下します。
　一方で、「30代　婚活パーティー」のようなミドルワードや「30代　婚

活パーティー　新宿」のようなスモールワードは、ユーザーの検索による表示回数はビッグワードよりは少ないでしょうが、それらの検索ワードはマインドが明確なので、高い確率で広告をクリックしてもらえるでしょう。その結果、クリック率は上がるのです。

　以上のように、リスティング広告はクリック率が高くなると考えられるミドルワードやスモールワードを中心に多くのキーワードを設定することをおすすめします。

　1つひとつのキーワードの表示回数が小さくても、数が増えれば合計表示回数は十分大きくなります。いくつものマイナーな検索ワードの中から、より高い確率でコンバージョンにつながるキーワードを見つけ出し、SEOで活用していきましょう。

➡リスティング広告は「入札制」

　「広告」というと、テレビや新聞のイメージから、

「広告＝広告枠を買うものだ」

と思っている方が多いのではないでしょうか。

　しかし、リスティング広告の場合は「広告枠の購入」ではなく、「入札制」で1クリックあたりの金額が決まります。

　リスティング広告が表示される検索結果画面を思い出してください。検索結果の上部や下部に広告が表示されていました。それらの広告の場所はすべて同じ価値ではありません。下よりは上にある広告のほうが目立ちますし、より多くのユーザーにクリックされる確率が高くなります。

　つまり、あるキーワードで検索された結果の画面において、どの順番で広告を表示するのかは、広告を表示したい各広告主（各会社）の入札価格によって決まるのです。

　入札は「上限CPC」を何円にするか、という形でおこないます。CPCとは、193ページで説明したとおり、コスト・パー・クリックの略で、「1ク

リックあたりの費用」という意味でしたね。つまり上限CPCとは「1ク
リックにつき支払える上限金額」という意味になります。

　たとえば、「婚活パーティー」というキーワードについて、複数のお見
合いパーティー運営会社が入札したとします。その結果、

　　入札金額1位　A社の上限CPC＝500円

　　入札金額2位　B社の上限CPC＝300円

　　入札金額3位　C社の上限CPC＝200円

だったとすると、

　　A社の実際のクリック単価：301円

　　B社の実際のクリック単価：201円

　　C社の実施のクリック単価：（入札金額4位の金額による）

というようになります。つまり、「1クリックあたり何円まで支払えるか」
という金額が大きい順に広告の掲載順位が決まることになります。

　しかし、ここで非常に重要なことがあります。上記のように入札金額の
順にそのまま広告掲載順位が決まるのは、「品質スコア」が同一の場合で
す。各広告主はキーワードごとに「品質スコア」という評価を広告システ
ムから受けているのですが、実は、この品質スコアが異なってくると、数
倍〜5倍程度まで、同じキーワードで同じ位置に表示するための入札金額
が変わってきます。

　つまり、品質スコアが低いA社が1,000円かかるところ、同じキーワード
で同じ位置を狙うB社は200円で済む、ということが実際に起こるのです。

　これだけコストが変わってくると、勝負にならないのはおわかりでしょ
う。このようにクリック費用に大きく影響を与える品質スコアとは、一体
どのようなものなのでしょうか。

1クリックあたりの費用を大きく変える「品質スコア」とは

GoogleもYahoo!も、リスティング広告において、キーワード単位に10段階の「品質スコア」と呼ばれる評価を付与しています。

品質スコアは、「検索するユーザー、および広告配信システム（Google、Yahoo!）の双方に価値のある広告を上位に表示する」という考え方で設定されています。

具体的には、以下の3点によって品質スコアが決定します。

①広告のクリック率
②広告とリンク先のページ（ランディングページ）の関連性
③ランディングページの品質

それぞれ説明しましょう。

① 広告のクリック率

表示回数あたりのクリック率 (※) が高いほど、ユーザーから好まれている広告と評価されます。また、クリック率が高い広告は、それだけ広告配信元の収入にもつながることになります。

このような理由から、クリック率が高い広告は、ユーザーと広告配信元の双方に価値があるとされ、クリック率は、品質スコアにもっとも影響を与える指標になっています。

クリック率を上げるためのポイントは、以下の2つです。

（1）ユーザーが入力したキーワードを広告文に含める

（2）ターゲットをはっとさせ、気をひく広告文にする

※なお、クリック率は「CTR（クリック・スルー・レート）」とも呼ばれ、広告の表示回数のことはインプレッションとも呼ばれます。

（1）については、ランディングページのところでも説明したとおり、ユーザーは検索エンジンに入力したキーワードを強く意識しています。つまり、広告文にもそれを含ませることがセオリーです。さらに、リスティング広告では検索キーワードと一致するテキストは、広告文の表示の際、強調して表示されます。より目立つことになるのでクリックも増えるのです。

　（2）については、第2章の二日酔いサプリのチラシのタイトルの考え方と同じです。リスティング広告のタイトル・本文はわずかな文字数であり、チラシのタイトルやサブタイトルのように「本文（ランディングページ）を見てもらう」という機能に特化しています。

▶ ②広告とリンク先のページ（ランディングページ）の関連性

　ランディングページのところで、「ユーザーが検索エンジンに入力したキーワードと関連性の薄いランディングページは、コンバージョンにつながりにくいし、場合によってはユーザーが離脱する」という説明をしました。また、さきほど広告文に検索キーワードを含ませることの必要性についても説明しました。

　つまり、「ユーザーの検索キーワード」「広告文」「ランディングページ」の3つの関連性が強く求められています。このように考えれば、品質スコアの評価に「広告とランディングページの関連性」が関係することも理解できるでしょう。

　関連性を高めるためには、ユーザーがランディングページを見た時に「検索キーワードと関連があるページだ」と印象を与えることはもちろん、SEOと同じ考え方を取り入れることも重要です。

　SEOの施策には「このページは何について書かれてあるのか」を検索エンジンに対して明らかにする目的があります。必要な施策ができていれば、検索エンジンと同様、広告配信システムも「そのページに書いてあることは、広告文との関連性が高い」と判断するでしょう。その結果、高い評価を得ることになります。

　具体的にいうと、ランディングページのタイトルタグ、メタタグ、見出

しタグに検索キーワードを入れたり、本文で検索キーワードや関連語を含ませたりするのです。詳しくは、第3章120ページをご覧ください。

▶ ③ランディングページの品質

これもランディングページのところで説明しました。ランディングページが重く、読み込みに時間がかかるようだとユーザーはイライラします。その分だけユーザーの離脱が増加しますので、価値が低くなるといえるでしょう。GoogleやYahoo!など広告配信システムは、そのようなランディングページが設定されていると品質スコアを低下させます。

なお、読み込み速度が遅いとマイナスポイントになりますが、読み込み速度が速いからといってプラスポイントになるわけではありません。

➡ 品質スコアをアップさせるリスティング広告の設定法

前項の「品質スコアの3つの決定要因」のうち、②、③はランディグページの状態に左右されるものです。リスティング広告の設定を工夫することで改善できるのは、「①広告のクリック率」です。

それでは、広告のクリック率を改善するためには、リスティング広告をどのように設定すればいいのでしょうか？

実際に設定する前に、まずは「リスティング広告の構造」を把握しましょう。

リスティング広告の構造はGoogle、Yahoo!とも同じで、アカウントを開設後、最初に「キャンペーン」を作成し、続いて「広告グループ」「キーワード」と作成していきます。この「キャンペーン」「広告グループ」「キーワード」は階層構造になっています。

■ リスティング広告の構造

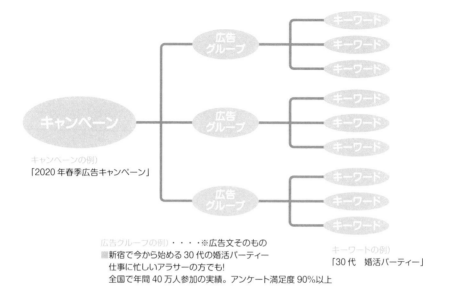

キャンペーンの例）
「2020年春季広告キャンペーン」

広告グループの例）・・・※広告文そのもの
■ 新宿で今から始める30代の婚活パーティー
仕事に忙しいアラサーの方でも!
全国で年間40万人参加の実績。アンケート満足度90%以上

キーワードの例）
「30代　婚活パーティー」

それぞれについてポイントを説明しましょう。

▶ キャンペーン

　広告を管理するもっとも大きな単位で、「予算」や「出稿地域」、「出稿期間」「1日のうち出稿する時間帯」などでキャンペーンを分けると広告を管理しやすくなります。

　また、デバイス（PCかスマホか等）ごとにもキャンペーンを分けることをおすすめします。デバイス単位でキャンペーンを分けておくと、たとえば広告を運営していて「この広告はPCよりスマホのほうが反応がいいから、スマホにより大きな予算をふりわけよう」などといった施策がしやすくなります。

▶ 広告グループ

　1つの広告グループにつき、広告文（出稿する広告）を1つ設定するよう

にします。たとえば「30代向けの婚活パーティー」と「50〜60代向けの婚活パーティー」では、それぞれユーザーに刺さる広告文が変わるのでグループを分ける、などです。

　このように設定することで「キーワード≒広告文≒ランディングページ」の関係が作りやすくなり、結果としてクリック率の増加、品質スコアのアップが実現しやすくなります。

▶ キーワード

　上位のグループに登録した広告文を、どのようなキーワードで検索されたときに表示させるかを設定します。

　たとえば、

　新宿で今から始める30代の婚活パーティー
　仕事に忙しいアラサーの方でも……
　全国で年間40万人参加の実績。アンケート満足度90％以上

という広告文であれば、

　「30代　婚活パーティー」
　「アラサー　婚活パーティー」
　「新宿　婚活パーティー」
　「新宿　30代　婚活パーティー」

などのキーワードが候補になります。

　以上をまとめると、

①予算、地域、期間、デバイスの単位でキャンペーンを分ける
②広告グループ1つに、広告文を1つ
③キーワードは広告文のテキストと親和性の高いものとする

この3点を守って広告の設定をすれば、おのずと品質スコアが高くなります。

GoogleとYahoo!、それぞれの広告は以下から開始できます。

■ Google 広告
（https://ads.google.com/intl/ja_jp/home/）

■ Yahoo!広告
（https://promotionalads.yahoo.co.jp/）

また、実際の操作方法は以下を参考にしてください。

■ Google 広告ヘルプ

(https://support.google.com/google-ads/)

■ Yahoo!広告 ヘルプ

(https://support-marketing.yahoo.co.jp/promotionalads/top?lan=ja)

➡リスティング広告の運用のコツ

　ここまで読んできたあなたは、「最小の費用で最大の効果を出す」リスティング広告の活用方法がわかったはずです。しかし、最初から大きな成果を上げることはなかなかできません。というのも、リスティング広告は「仮説を立てて実行し、結果を見て修正する」というまさにPDCAをまわしながら成果を上げていく広告だからです。つまり、日々の地道な運用の結果、大きな成果を手にすることができます。

　それでは、どのように運用をしていけばいいのでしょうか。次の事例では、リスティング広告を使って事業を大きく成長した会社の様子を見てみましょう。

お見合いパーティー事業
～リスティング広告で集客、事業開始5年で売上10億円超え

◻ 状況

　保険代理店のF社は、もともとお客様のうち独身の方向けサービスとして実施していた「お見合いパーティー」のイベントを、事業として本格的に実施していくことになりました。発生する費用は会場費とバイト代、諸経費など。毎回、きちんと参加者が集まれば、十分収益化可能です。

　事業を始めた当初こそ、お客様のクチコミで参加者が集まりましたが、次第に参加者が減っていき、定員20名のはずが数名しか集まらないこともありました。売上が費用に及ばないばかりか、人数不足による参加者の不満の声もあがるようになったのです。

◻ 施策

　「お見合いパーティー」専用のWebサイトを作ってリスティング広告で集客することにしました。パーティーから得られる利益の範囲でリスティング広告をして、定員分の人数を集客することが事業化の最初の目標です。

◻ 結果

　F社がいろいろと試行錯誤した結果、1回のパーティーから得られる利益の範囲で十分に目標人数を集客できるようになりました。「利益を出すための計算」が成り立てば、あとは各地でパーティーを開催し、事業の規模を広げる（スケールアップする）だけです。

　5年後、F社は47都道府県すべてにおいてパーティーを開催、365日いつもどこかの会場ではパーティーが実施されている状態になりました。

　現在、お見合いパーティー事業の売上は10億円を超え、業界のリーディングカンパニーへと成長しています。もちろん、保険代理店事業の何倍もの規模になっています。

「利益を出すための計算」をしよう

➡ 広告費は「費用」ではなく「投資」として考えよう

　リスティング広告に限らず、Web広告を実施する際に「費用」と考えるとうまくいきません。たしかに広告である以上、お金が出ていくことは避けられませんが、「費用」ではなく「投資」と考えるべきです。

　費用と投資、どう違うのでしょうか。投資とは「きちんとリターンを計算する」ということが前提になっています。つまり、

「今回、××円使った（投資した）ならば、〇〇円の利益が発生するはずだ」

という確度の高い計算ができていて、はじめて投資になります。

　言うなれば、投資とは「先に払ったお金よりも、後からより多くのお金を手にすること」です。投資という考え方に基づいて広告を実施することが、ビジネスの拡大につながるのです。

➡ F社が事業拡大に成功した理由

　それでは先ほどの事例のF社はどのようにしてビジネスを拡大していったのでしょうか。その内容を見てみましょう。

　まず、前提となる状況は以下のとおりでした。

<婚活パーティー開催に関するもの>
　①定員は20名
　②参加費用は4,000円（ここでは男女同額とします）
　③1回のイベントの開催費用（会場代、人件費、その他）は20,000円

＜これまでのリスティング広告の実績＞
④広告が表示された回数のうち、2％クリックされている
⑤広告をクリックした人のうち、4％がパーティーに申し込んでいる

このような場合、どのような計算が成り立てば利益の出るビジネスになるでしょうか？

まず、パーティーの売上は、

参加費（4,000円）×定員（20名）　＝　80,000円

となります（定員まで集客できた場合）。
　また、1回のパーティーで発生する開催費用は20,000円ですから、1回のパーティーによる利益は、

売上（80,000円）－費用（20,000円）＝利益（60,000円）

となります。つまり、集客費用として使える最大値は、利益の60,000円までとなります（もちろん、60,000円すべて使ってしまっては、利益が0なのでパーティー開催してもくたびれ損、ということになりかねませんが）。
　ここで、集客にはリスティング広告を使うわけですから、最大60,000円以内で20名の申し込み（コンバージョン）を獲得することが必要です。
　先ほどの前提④では、「広告をクリックした人のうち、4％が申し込み（コンバージョン）している」ということでした。
　これは、「CVRが4％である」ということです。
　今回、コンバージョンが20個必要であり、そのために必要な広告のクリック数は、以下の計算式で求めることができます。

必要な広告クリック数＝コンバージョン数÷CVR
　　　　　　　　　＝　　　20　　　　÷0.04＝500クリック

つまり、広告が500回クリックされる必要があります。

　また、広告が500回クリックされるために、必要な広告表示回数（インプレッション）は以下の計算式で求めることができます。

　必要インプレッション＝クリック数÷クリック率（CTR）
　　　　　　　　　　＝　　　500　　　÷0.02＝25,000インプレッション

　以上より、500回広告がクリックされるには、広告が25,000回表示される必要があることがわかりました。

　また、1クリックに支払える費用の上限は、

　広告費用として支払える上限金額（60,000円）÷ 必要なクリック数（500回）
　＝120円

となります。

　以上のように、リスティング広告の平均CPCを120円以下に押さえ、かつ25,000回広告を表示させることにより、婚活パーティーが黒字化できる、という計算が成り立ちます。

　F社はこのようなビジネスプランをたて、次々とパーティー開催地と開催頻度を増やし、ビジネスを拡大していったのです。

　計算式をまとめると、以下のようになります。

①広告で利用できる金額を算出する
　（売上—費用＝利益が使える金額の上限となる）
②必要な広告クリック数を「必要なコンバージョン数÷CVR」で求める
③必要インプレッションを「必要なクリック数÷クリック率」で求める
④1クリックに支払える費用を「広告で利用できる金額÷必要なクリック数」で求める

ぜひあなたも、「利益を出すための計算」をしっかりとして、ビジネスプランをたてるようにしてください。

COLUMN

リスティング広告と広告代理店

　リスティング広告の設定や運用には、大きく分けて2つの方法があります。

　①あなた（の会社）自身で設定・運用する
　②広告代理店に依頼する

　②のリスティング広告を取り扱っている代理店は数多くあります。代理店への手数料は支払額の20％が一般的です。たとえば、10万円を支払うと8万円分を広告費として活用し、代理店が2万円を受け取る、という形です。

　広告代理店へ依頼するメリットとしては、「代理店のノウハウを活用できる」「日々の運用業務が不要」などが考えられます。

　多くの企業にとって、リスティング広告の運用業務は中核となる業務ではないでしょうから、「お金を払ってでも代理店に任せたい」と思われることも多いでしょう。

　しかし、よく考えてみてください。代理店は「リスティング広告の設定の仕方や運用のプロ」であっても、「あなたの業界・業務のプロ」ではありません。特にキーワード選びなどは、その業界・業務に精通していないとなかなか適切にできない部分があります。

　ですので、仮に人手が足りずに代理店に任せるのだとしても、すべてを任せっきりにするのではなく、特に設定の部分や日々の運用の評価の部分など、主体的にあなた（の会社）も参加しましょう。

本章でははじめての方でもリスティング広告で成果を出せるよう、できるだけわかりやすく説明しています。代理店を利用する際にも、ぜひ本書の内容を踏まえ、代理店とともに取り組みましょう。それが成果を出すことにつながります。

5-5 広告の評価ツールを使いこなそう

➡ 広告の評価でチェックする項目を確認する

あまり専門用語は覚えたくないかもしれませんが、広告の評価をする際に、やはり覚えておいてほしい用語（項目）があります。広告評価ツールを使う上でも必要ですし、専門家に相談したり専門書を読んだりする際にも、必要最小限の項目の意味を押さえておくと、格段に業務がはかどります。

ほとんどがすでに出てきたものです。一覧にしますのでこれを機会に覚えてしまいましょう。数も多くないので、ぜひチャレンジしてみてください。

■ 覚えておきたい用語一覧

用語	説明
クリック単価（CPC）	1クリック当たりの費用のこと。CPC＝コスト・パー・クリックの略
クリック率（CTR）	表示された広告がクリックされる確率のこと。CTR＝クリック・スルー・レートの略
コンバージョン	Webサイトの目的である「ゴール、成約」を達成すること。コンバージョンには「購入」や「お問い合わせ」などがある
コンバージョン率（CVR）	広告がクリックされた回数のうち、コンバージョンを達成した割合。CVR＝コンバージョン・レートの略
インプレッション	広告の表示回数のこと
顧客獲得単価（CPA）	1つのコンバージョンを獲得するためにかかったコストのこと。総費用÷コンバージョン数で求められる。コンバージョン単価ともいう
品質スコア	出稿するリスティング広告に対して、キーワード単位に10段階に設定される品質評価

➡ コンバージョンタグを設定する

リスティング広告を始めると、インプレッションやクリック単価、ク

リック率などは特になにもしなくても管理画面に表示されるようになります。

しかしコンバージョンについては、「コンバージョンタグ」と呼ばれる専用のタグをあなたのWebサイトに設定しない限り管理画面には表示されません。具体的には「問い合わせ完了画面」や「購入完了画面」（いわゆるサンキューページ）のソースコード（HTMLコード）にコンバージョンタグを貼り付けることにより、「広告をクリックしたあと、そのユーザーがコンバージョンを完了した」ことがわかるようになるのです。

利益を出すための計算を立てるためにも、コンバージョンの取得は欠かせません。コンバージョンタグの設置はリスティング広告の運用に必須と心得ましょう。

Google 広告とYahoo!広告のコンバージョンタグの設定方法は下記を参考にしてください。

・**Google 広告　ウェブサイトでのコンバージョン トラッキングを設定する**
　https://support.google.com/google-ads/answer/6095821/

・**Yahoo!広告　コンバージョン測定の新規設定（ウェブページ）**
　https://ads-help.yahoo.co.jp/yahooads/ss/articledetail?lan=ja&aid=1161

➡ 管理画面は構造さえおさえれば怖くない!

リスティング広告にはじめて取り組む方にとって、「管理画面をチェックできるようになること」が1つの大きなハードルです。

■ リスティング広告の管理画面

　たしかに、いきなりこんな細かい表をみせられて、すんなり受け入れられる人は少ないかもしれません。なかには、「リスティング広告恐怖症」になってしまう人もいるようです。

　しかし、リスティング広告の管理画面は、その構造さえ知ってしまえば簡単にチェックできるようになります。

　リスティング広告の管理画面の構造は、Google 広告もYahoo!広告もほぼ一緒。しかも非常にシンプルです（下図）。

■ 管理画面の構造

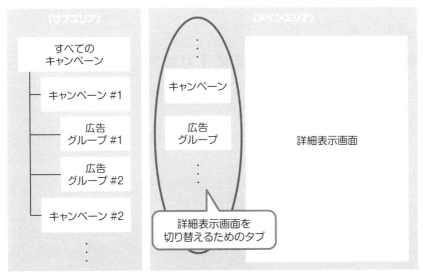

ご覧のとおり、画面左（サブエリア）はツリーで、「キャンペーン」と「広告グループ」の親子関係が表示されています。

　画面右のメインエリアには、タブで切り替えることにより、「キャンペーン」「広告グループ」「広告」「キーワード」の明細（詳細情報）の一覧表示を確認することができます。たったのそれだけです。

　「キャンペーン」「広告グループ」「広告」「キーワード」の関係については、206ページで説明しました。そのときのおすすめは「1つの広告グループの中に、広告（文）は1つだけにする」ということでした。覚えていますか？

　つまり、実質は「キャンペーン」と「広告」、「キーワード」の3つのタブを切り替えながら、それぞれの詳細をチェックするだけなのです。これならかんたんなんですよね。

➡ 「キーワード」の明細チェックの3つのポイント

　さて、管理画面ではまず、「キーワード」の明細からチェックしていきましょう。キーワードのチェックが一番わかりやすく、しかも重要です。

　色々な項目が並んでいますが、チェックするのは217ページで一覧表示した項目が中心です。

　まずは、以下3つのポイントだけ押さえてください。

▶ 1　効果的に集客できているか？

　「クリック数」や「クリック率」が高いキーワードをチェックしましょう。

　特に「クリック率」が高いキーワードは有望です。そのキーワードの「上限クリック単価（CPC）」と「平均クリック単価（CPC）」、「平均掲載順位」を確認してください。

　　・「上限クリック単価」
　　→あなたが「この金額までだったら払ってもいい」と考える金額でした

ね。当然、あなたが入力します。

・「平均クリック単価」
→実際のクリック費用は、上限クリック単価の範囲内で、ライバルの入
　札価格や品質スコアで決まるものでした。「平均クリック単価」とは、
　実際に発生したクリック単価の平均です。

・「平均掲載順位」
→あなたの広告が、検索結果画面で何番目に表示されているか、という
　ことです。

　クリック率が高く、掲載順位にまだ上昇する余地のあるものは、「上限
クリック単価」を上げることにより、さらにクリック率が上がる可能性が
あります。後述するとおりコンバージョン率が低い場合は問題ですが、よ
り多く予算を割くことも検討しましょう。
　一方、「クリック数」が多いものは、「インプレッション（表示回数）」と
「クリック率」を確認してください。インプレッションが多過ぎる＝ク
リック率が低い場合、品質スコアに影響が出る場合があります。キーワー
ドと広告がマッチしていない可能性がありますのでチェックしてみてくだ
さい。

▶ 2　効果的にコンバージョンできているか？

　「コンバージョン」「コンバージョン率（CVR）」「顧客獲得単価（CPA）」
をチェックしてみてください。
　「コンバージョン率」が高いものは有望です。「平均掲載順位」が低いよ
うであれば、上限クリック単価を上げて品質スコアに磨きをかけることに
よって、さらにコンバージョンを伸ばすことができるでしょう。
　「コンバージョン単価」が安いものも有望です。これも上限クリック単
価をあげるなど予算を多く振り向けることを検討しましょう。
　一方、「コンバージョン」が多いものは、「顧客獲得単価」を確認してく

ださい。もし、コンバージョンが多くても顧客獲得単価が高ければ、効率の悪い販売をしていることになります。上限クリック単価を下げたり品質スコアに磨きをかけたりするなど対策をして様子をみましょう。

　また「コンバージョン率」「コンバージョン」が少なくて「顧客獲得単価」ばかり大きくなっているものをチェックしましょう。これは、ひとことでいえば赤字を垂れ流している状態なので、上限クリック単価を落とす、入札を止めるなどの対応が必要です。

▶ 3「クリック率」が高いのに「コンバージョン率」が 低いものはランディングページを疑う

　広告の「クリック率」が高いということは、その広告が検索ユーザーから受け入れられているということです。

　それなのに「コンバージョン率」が低いのは、クリック後に遷移したランディングページがユーザーに響かなかったということです。

　あなたのランディングページが

「その広告をクリックしたユーザーのマインドを本当につかむものになっているか」

をぜひ第三者的な視点でチェックしてみてください。

　リスティング広告のチェックについては以上です。

　一見難しく見えるかもしれませんが、この章で説明したとおり「リスティング広告の考え方」と「チェックのポイント」さえ押さえれば、すぐにある程度の成果を出せるようになります。

　そしてリスティング広告の運用でもっとも大切なこと……それは

「その検索キーワードで検索しているユーザーは一体どのようなマインドであるか」

をきちんと想像できることです。

　リスティング広告で大きな成果を出している人は、まちがいなくユーザーのマインドを深く理解しています。そのことを忘れないでください。

5-6 その他のWeb広告

➡ ディスプレイネットワーク広告とリマーケティング広告

　本章の最後に、リスティング広告以外のWeb広告について説明します。特に、ディスプレイネットワーク広告とリマーケティング広告は、186ページの事例のとおり、リスティング広告と組み合わせると更に高い効果が期待できます。ぜひ概要だけでも押さえておきましょう。

▶ ディスプレイネットワーク広告（コンテンツ向け広告）

　ポータルサイトやQAサイト、個人ブログなどで数行のテキスト広告を見たことがあると思います。それがディスプレイネットワーク広告といわれるもので、GoogleやYahoo!が提携しているWebサイトに配信しているものです。186ページの事例＜シーン①＞で、E子がなにげなくギフトのサイトでプレゼントを探しているときに表示されていましたね。リスティング広告が「ユーザーが検索するとき」に表示される広告に対し、ディスプレイネットワーク広告は「ユーザーがコンテンツを読んでいるとき」に表示されます。

　前述のとおり、リスティング広告はユーザーの顕在需要を取り込むものでした。一方、ディスプレイネットワーク広告は、まだユーザーが自分の欲求をぼんやりとしか意識していない状態、つまり気の向くままにWebを閲覧しているときに表示させることができるため、潜在需要を取り込むものといえます。

　ディスプレイネットワーク広告は、Webサイトの内容にマッチする広告や、Webサイトを閲覧しているユーザーの興味関心を類推したうえで適する広告を配信システム（GoogleやYahoo!など）が判断して配信します。さらに広告出稿者のほうできめ細かく配信先Webサイトを指定することもできます。事例では、「結婚お祝いを探している人→新郎新婦の友達のように

適齢期の方が多い」と考え、ウエディングギフトのページに婚活パーティーの広告を配信しています。この広告もクリック課金方式を採用しています。

なお、ディスプレイネットワーク広告にはテキストだけでなく、画像のものもあります。画像のディスプレイネットワーク広告は、見た目はバナー広告と変わりませんが、こちらももちろんクリックするまで費用は一切かかりませんので、無料で認知を広げる効果もあるといえるでしょう。

■ ディスプレイネットワーク広告の例

▶ リマーケティング広告

リマーケティング広告は正確にはディスプレイネットワーク広告の一種です。ではなぜ、この広告だけ取り出して個別に説明しているのでしょうか。それは、この広告が

「一度あなたのWebサイトに訪問した人を狙い撃ちして広告表示できるから」

です。

186ページの事例＜シーン③＞で登場したものです。E子が始業前にマーケティングのポータルサイトをチェックしていたときに、前の晩にアクセ

スした婚活サイトの広告が表示されていました。

　第1章で説明したとおり、ネットユーザーはあなたのサイトを一度訪問しただけでは「購入」や「問い合わせ」などのコンバージョンまでいく確率は決して大きなものではありません。他のサイトも含めて何度も検索をくり返し、自分が納得するサイトでコンバージョンをおこないます。第1章では、そんなユーザーに継続してアプローチするため、「リストを取得することが必要」だと説明しました。

　しかし、どんなによくできたリスト取得のための仕掛けでも、訪問者の10％を超える数のリストが取得できれば上出来といえます。特に、前述のとおりWebサイト構築直後はまだまだ成果が上がるサイトとはなっていません。サイト構築直後では、リスト取得率1％未満ということもザラにあるのです。

　一方でリマーケティング広告をすれば、一度訪問したユーザーのほとんどに広告を見せることができます。

　当初はリマーケティング広告であなたのWebサイトへの再訪を促し、一定のアクセスのある中でサイトの分析と修正をして、サイトそのものやリスト取得のしくみを精緻化していき、広告に頼る比率を徐々に小さくしていく……これが、最初から結果を出し、長期的に結果を出し続けることができる方法です。

➡5つの顧客階層・AISASモデルと広告の関係

　続いて、リスティング広告とディスプレイネットワーク広告、リマーケティング広告の3つが、「AISASモデル」や第1章でみた「顧客階層」と比較して、どのように位置づけられるのか見てみましょう。「AISASモデル」とは、一般消費者の代表的な購買プロセスをモデル化したものです。

■ 顧客階層と購買モデルとの比較

　上図のとおり、この3つの広告を組み合わせることにより、顧客階層でいえば「潜在顧客から強い見込み顧客まで」、AISASモデルでは「注意〜検索」までを網羅します。

　なかでも、「①あなたのサイトを知らないユーザーを訪問させる」「②一度訪問したユーザーに再訪を促す」という、Webサイト単体ではもっとも不得意な部分をカバーすることができるのです。

　どんなにWebサイトのコンテンツに自信があっても、来訪されなかったり存在を忘れられたりしてはユーザーを育てていくことはできません。

　Webマーケティング開始直後から最短で成果を出すためには、当初からこの3つの広告を活用して集客し、少しずつ結果を出しながら並行してサイト分析して、より成果の上がるサイトへと育てていくことが必要です。

　なお、一度あなたの商品を購入したユーザーについてはリストが手に入るため、未購入ユーザーほど広告の必要性は高くないと思われますが、特に

リマーケティング広告においてはリピーター育成に有効な場合もあります。

➡ Facebook広告

Facebook広告は、PCやスマホのFacebook本体はもちろん、FacebookメッセンジャーやFacebookと連携したアプリやWebサイト、さらにSNSのInstagramにまで出稿できる広告システムです（InstagramはFacebook社が運営しているため）。

静止画や動画はもちろん、それらを組み合わせたり、スライドショーとして見せるなど、表現力の幅が広いことが特徴です。基本的にはクリック課金ですが、表示回数による課金やアプリのダウンロード回数に対する課金などを選べる場合もあります。

Facebook広告は、ユーザー登録情報をもとに広告主が狙いたいターゲットを細かく指定して、それに合致するユーザーの画面に配信されます。Facebookはユーザーの多種多様な属性情報を保持していますから、地域・年齢・出身校・趣味趣向など、ターゲットを細かく絞ることができるのです。

➡ その他のWeb広告と活用のポイント

Web広告にはさまざまな種類があり、すでに説明した4つのほかにも以下のようなものがあります。いずれもWebマーケティング開始当初に必須のものではありませんが、使い方次第では大きな効果を出すことができます。

ここでは各広告の概要と、その広告を利用する際に特に押さえておきたいポイントに絞り、簡潔に説明します。

▷ バナー広告

多くのユーザーが閲覧するポータルサイトなどにバナー画像を貼らせてもらう広告です。

Web広告の中で、もっとも従来の広告のイメージに近い広告です。ただし、こちらはリスティング広告などと違い、出稿するだけで定額費用を払う必要があり、また、その費用も著名なサイトであれば数十万円と誰でも簡単に出稿できるレベルとはいえません。また、費用が高い分、出稿してみるまで成果が見えないというリスクがあります。

一般にバナー広告は、あなたの扱う商品やサービスに適確にマッチした場合には大きな成果を出す場合もありますが、なかなかそういった媒体を見つけ出すものは難しいものです。ただし、昨今ではバナー広告の人気も落ちてきたため、交渉次第では低価格で広告を出すことも可能でしょう。長いスパンで最適な媒体をコツコツと探していく心づもりで取り組むべき広告です。

▶ メール広告

著名なメルマガや部数の多いメルマガの冒頭や文末に、あなたの商品やサービスについての広告を掲載してもらう手法です。

以前は効果の高い広告として位置づけられていましたが、現在ではメルマガは以前ほど読まれない傾向にあるので、効果を出すのは難しくなっています。

バナー広告と同じく、あなたの商品・サービスに適確にマッチするメルマガであれば大きな効果を発揮する場合もありますが、長期戦であることを自覚して腰を据えて取り組む必要があります。

こちらもそれなりの初期費用がかかる（十万円〜）のが一般的ですが、交渉次第で価格を下げることができるのもバナー広告と同じです。

▶ 記事広告（Webメディア）

ポータルサイトやニュースサイトなどのWebメディアの記者に、客観的に商品やサービスを紹介する特集記事を書いてもらう広告です。

選んだ媒体をあなたのビジネスの相性や媒体の影響力、および記事の出来（＝記者の執筆力）次第で、バナー広告よりも効果は高くなります。

また、Webメディアがインターネット上で価値あるメディア（Googleに

高い評価をもらっているメディア）であれば、そこからリンクを貼ってもらうことによるSEO効果もあります。よく格安での記事広告掲載をうたうメディアもありますが、影響力が全くなく効果が出ない場合もありますので、料金と効果のバランスを考えて実施することが重要です。

▶ アフィリエイト広告

アフィリエイターと呼ばれる人々のブログやWebサイトに、あなたの商品・サービスの紹介記事を書いてもらい、そこからあなたの販売ページにリンクを貼ってもらいます。

その後、ネットユーザーがアフィリエイター経由であなたの販売ページを訪問し、商品・サービスを購入した場合にアフィリエイターに販売手数料を支払うタイプの広告です。広告というよりは成果報酬型の販売代理店に近いイメージです。

商品・サービスを販売するためには数多くのアフィリエイターを集める必要があります。そのためにASP（アフィリエイト・サービス・プロバイダー）という仲介会社に登録（有料）することで多くのアフィリエイターにあなたの商品・サービスを取り扱ってもらうようにアピールすることができます。

毎月数万円程度のASP登録料以外には成果報酬のみ支払が発生しますのでリスクが少ないように思えるかもしれませんが、多くのアフィリエイターにサービスを理解してもらい、彼らのWebで紹介（アフィリエイト）を始めてもらうためにはそれなりの手間と時間がかかります。

また、あなたの商品・サービスの紹介の仕方について、あなたの意図しない方法で紹介されるケースもあり、アフィリエイター1人ひとりとの関係構築や統制など、それなりのノウハウも必要となります。

Webマーケティング開始後すぐに結果を出すことは難しく、長い期間、腰を据えて取り組む姿勢が必要です。

第 **6** 章

"今"だからこそ
効果が出る「応用技」

駅から離れた場所にあるラーメン屋さん

GoogleマイビジネスとSNSの活用で、行列のできる人気店へ

■ 状況

　Gさんは、都内某駅から徒歩10分の場所でラーメン屋を開いています。北陸地方の港町で生まれ育ったGさんは魚介類に造詣が深く、自慢の「海鮮ラーメン」は隠れた人気メニューとなっています。一度注文されたお客様の多くがリピーターになるほどです。

　このように、Gさんのラーメン屋は、味には自信があります。しかし、最寄りの駅から離れた閑静な住宅街の一部にある店舗には、駅前を行き交う不特定多数のお客様は流れてきません。近隣住民のリピートを中心に、細々と経営を続けている状態でした。

■ 施策

　ある日、Gさんはホームページ制作会社から紹介されたWebコンサルタントに集客について相談しました。Gさんの状況をヒアリングしたWebコンサルタントは、

「駅近辺でラーメン屋を探している方が、スマホで検索した際、Gさんのお店を見つけやすくなるようにしましょう。そのためには、Googleマイビジネスの登録が必要です」
「名物の海鮮ラーメンは味もいいですが、見た目も豪華なので、お客様がSNSで拡散してくれるような施策を打ちましょう」

とアドバイスしました。GさんはインターネットやSNSにくわしくありませんが「集客のためだ」と思い、くわしい方法をWebコンサルタントに聞いて、次の2点を実行するようにしました。

- Googleマイビジネスに店舗情報を登録し、クーポン情報などをこまめに更新する
- 海鮮ラーメンの写真をSNSに投稿したお客様には、SNS割として、割引料金にする

❑ 結 果

　上記施策を実施後、「TwitterやInstagramを見た」という新規お客様の訪問が少しずつ増えてきました。

　また、Googleマイビジネスは、登録後しばらくは効果を感じられませんでしたが、Gさんが地道に情報を更新したり、Googleマイビジネス上でお客様が書きこんだ情報に対し丁寧に回答したりすることを続けていきました。すると、駅前でスマホを使って『ラーメン』と検索すると、Gさんのお店が3番目に表示される状態になったのです。

　それ以来、さらにGさんのラーメン屋には新規顧客が訪れるようになり、そうした方々の中から新しいリピーターも誕生するようになりました。

　現在では、以前のような静かな店舗のイメージは完全になくなり、開店前から行列ができる人気店となりました。

6-1 店舗を経営されている方は、今すぐMEOをはじめよう

お店のビジネスを支援する「Googleマイビジネス」と「MEO」

事例では、Gさんのお店の情報をGoogleマイビジネスに登録することで、駅前でスマホを使って「ラーメン」と検索した人々の検索結果に、Gさんのお店の情報が表示されるようになりました。

そもそもGoogleマイビジネスとは何か、あなたはご存知でしょうか？

Googleマイビジネスとは、Google検索やGoogleマップなどのサービスに、あなたのお店の情報を表示させるための登録の仕組みのことです。たとえば、以下のような表示を見たことがないでしょうか？

■ 多摩センター駅付近で、スマホで「ラーメン」と検索

これは、私が多摩センター駅の近くにいるときに、スマホで「ラーメン」と検索した際の検索結果画面です。なぜ私がそのような検索をしたのか？　それは、仕事で多摩センター駅近辺を訪れた際、ランチでラーメンを食べたくなったからです。

　このような行動は、さまざまな街を行き交う人々にとって、日常的なものでしょう。そして、このようなユーザーを自分の店舗に誘導するためには、Google検索やGoogleマップで店舗を上位表示させることが必要です。そのための登録の仕組みが、「Googleマイビジネス」です。

　もちろんライバル店も多いので、登録しただけですぐに上位表示、というのは難しいです。しかし、Googleマイビジネスに登録したあと、Googleマイビジネスの店舗情報をこまめに更新したり、店舗情報に書かれたクチコミに丁寧な回答を続けたりすることで、上位表示されるようになります。

　Googleマイビジネスは無料で利用できますが、効果を出すには「継続的な活動」が必要です。上記のような一連の活動、すなわち、

「Googleマイビジネスに登録し、GoogleマップやGoogle検索の地図上で上位表示を目指す活動」

のことを「MEO（地図エンジン最適化）」といいます。

　SEOと比べると、MEOの知名度はかなり低いものです。しかし、地域に根差した中小の店舗の場合などは、お店のホームページにSEO対策をして上位表示を狙うよりもMEOに取り組んだほうが、少ない手間で大きな効果を生むことが多々あります。SEOほど複雑でもありませんし、気軽に始められるというメリットもありますので、お店を経営されている方は、ぜひMEOに取り組んでみてください。

➡SNSをやればMEOはやらなくてもいい？

　以前、私がお会いした飲食店の店主のなかに、

「うちのお店はSNSに集中しているから、それ以外の施策はいらない」

とおっしゃる方がいました。しかし、それはもったいない考え方です。なぜかといえば、MEO（Googleマイビジネス）とSNSとでは狙うターゲットが異なり、お互い補完する関係だからです。

　まず、Googleマイビジネス上の店舗情報は、おもに検索から流入する「新規ユーザー」に見てもらえる情報です。一方、各種SNSの情報は、お友達やフォロワーなど、おもに「リピーター」がチェックする情報です。GoogleマイビジネスとSNS、それぞれを活用することで、新規・リピーターのいずれにもリーチできますので、「どちらかをやればいい」というものではありません。

　1つの情報（ソース）を各ターゲット別にアレンジするなどして、できるだけ手間を省きながら、それぞれのユーザーに向けて、情報発信をしていきましょう。

➡ MEOに有効なGoogleマイビジネスの3つの機能

　集客のために活用できるおもな機能は、以下の3つです。

・「お知らせ」や「写真」などを店舗情報に掲載できる「投稿機能」
・ユーザーが店舗の感想などを書きこみ、オーナー（店主など）が返信などのコミュニケーションをとることもできる「クチコミ機能」
・短時間で自社のホームページを作れる「ウェブサイト作成機能」

　それぞれについて、くわしく説明します。

▶ 投稿機能

　Googleマイビジネスの管理画面から、テキストや写真（画像）を投稿できます。投稿できるテキストは100 〜 300字程度と多くはないですが、「お知らせ」「新着情報」などをこまめに掲載することで、最新情報を発信で

きるとともに、MEOとしての効果も期待できます（地図上での上位表示にプラスの効果があります）。

　また、投稿した画面には他Webサイトへのリンクボタンなどを設置できます。この機能を活用すれば、お店の公式ページやネットショップへの動線を作ることができます。

▶ クチコミ機能

　Googleマイビジネスの店舗情報には、ユーザーがクチコミを書きこむ機能が用意されています。このクチコミを増やすことは、MEOとしてプラスの効果がありますから、チラシやSNSで顧客に訴求し、少しずつクチコミを増やしていきましょう。

　ただし、当然ながら、お店の関係者によるクチコミの投稿など、いわゆる"サクラ行為"はGoogleのポリシーで禁じられています。

　また、クチコミとは「ユーザーが素直な気持ちで店舗を評価し書きこむ」ものですから、クチコミのなかには店舗にとって都合が悪く感じるものもあるかも知れません。そのようなクチコミであっても、原則として、店舗側で勝手に削除することはできません。根拠のないことが明確な誹謗中傷など、Googleに報告して削除してもらえるものもあります。

　それでは、もしクレームや否定的な意見がクチコミとして投稿されてしまった場合はどうすればいいのでしょうか？

　その場合は、クチコミの返信機能を使ってください。投稿された否定的なクチコミを放置するのではなく、

　・来店頂いたことへの感謝
　・ご指摘頂いたことへの感謝
　・ご指摘をふまえて改善した内容

　これらを丁寧に返信するのです。そうした返信を見て、クチコミを記載

したユーザーは納得するかも知れませんし、それ以上に、クチコミでのやりとりを目にする大勢のユーザーにとって、あなたのお店は「対応が丁寧なお店だ」という印象が残るでしょう。不手際がないに越したことはありませんが、不手際そのものよりも、その後の対応のほうがお店への評価に大きな影響があるものです。

　常に真摯な気持ちで、こまめにコミュニケーションをとっていくようにしてください。

▶ ウェブサイト作成機能

　Googleマイビジネスでは、自社のかんたんなWebサイトを作成できます。こちらの機能も無料です。すでにGoogleマイビジネスに登録してある情報を元にWebサイトを作成していくので、とてもかんたんにWebサイトを作れます。新規に店舗ビジネスを始める方で、自社のWebサイトを作成していない方にとっては、非常に重宝する機能でしょう。

　いったん本機能でWebサイトを整備しておき、日々のネット集客はMEOを中心に実施するようにします。その結果、Googleマイビジネスの店舗情報から自社Webサイトへと誘導する動線が整備できます。

　なお、Googleマイビジネスで作ったWebサイトのドメインは、Googleが用意する無料のドメインのほか、独自ドメイン（有料）も利用できます。

➡ 正式な「ビジネスオーナー」として、店舗情報を登録しよう

　新規でビジネスを始めた場合、以下のURLからGoogleマイビジネスに登録します。

https://business.google.com/create

　しかし、あなたが従来からビジネスをしている場合、Googleマップ上に貴社の情報がすでに登録されているかもしれません。これは、Googleが

自動生成した情報や別のユーザーが登録した情報が存在することが要因です。その場合、すでにある登録情報を整備して、正式な登録情報としましょう。

　そのためにも、まずGoogleマップ上に、あなたの店舗情報が存在するか、確認してみます。Google検索またはGoogleマップで、以下のキーワードを使って、貴社名（店舗名）を検索してみてください。

「貴社名」

「貴社名+地域名」

「貴社名+地域名+業種」

「貴社名+住所」

これらのキーワードで検索しても、マップ上に情報が表示されない場合、貴社はまだGoogleマイビジネスに登録されていません。まずは新規登録をしましょう。一方、貴社の情報がマップ上に表示された場合、そちらの情報を整備していくことになります。

　そして、その際に大切なのが、あなた自身が、掲載されている企業（店舗）の正式なオーナーであることをGoogleに通知することです。これを「オーナー登録」といい、Googleマップに表示されている店舗情報の中で、「ビジネスオーナーですか？」という項目をクリックして設定を進めていきます。具体的な方法は、以下のヘルプを参考にしてください。

・Googleマイビジネスヘルプ　ビジネスリスティングの追加または登録

https://support.google.com/business/answer/2911778

6-2 YouTubeのビジネス活用で顧客の心をつかむ

➡ 動画をとりまく環境は、この10年で激変した

　かつては、「動画をビジネスで活用する」といえば、大手企業が広告代理店に依頼して制作してもらうテレビCMぐらいで、中小企業とは無縁のことでした。

　私たち一般の人間からしても、家庭用ビデオカメラで家族や子どものイベントを撮影することはあっても、撮影した映像をネットにアップする、ビジネスで活用するなどの発想はまったくなかったと思います。しかし、2005年に動画投稿サイト「YouTube」ができて以来、状況は目まぐるしく変わりました。YouTubeの誕生から約10年以上がたち、今や、スマートフォンに内蔵されている動画撮影機能を使って、だれでもかんたんに動画を撮影・投稿できる時代になりましたね。

　中小企業においても、今では自社でさまざまな動画を制作し、それをYouTubeに投稿したり、自社のWebサイトに貼りつけたりして、ビジネスにうまく活用している事例が増えています。現代は、ひと昔前では考えられない「動画全盛時代」といえるでしょう。

➡ YouTubeを使った動画マーケティングがおすすめな理由

　現在、動画マーケティングを始めるには、なんといってもYouTubeの利用がおすすめです。その理由は、次のとおりです。

▶ 世界最大の動画投稿・共有サイトであり、日本での利用者も多い

YouTubeは世界で毎月10億人以上、60億時間以上の動画が視聴される世

界最大の動画投稿・共有サイトです。日本でも6,000万人以上が利用しています。それだけ使いやすく、情報も多く手に入りやすくなっています。

さらに、YouTubeを中心にインターネットを活用するユーザーがいるので、そうした層があなたの会社や商品の情報を見つける入口になります。

▶ 無料で使えて、動画さえあれば編集から再生分析、ユーザーとのコミュニケーションまで、ひと通りできる

YouTubeは動画投稿と視聴のいずれも、基本的に無料でできます。しかも、投稿した動画を編集したり、再生情報を分析することもできるのです。さらに、公開した動画にコメントを受けつけることで、視聴ユーザーと双方向のコミュニケーションをとることもできてしまいます。

▶ Google検索と相性がよく、SEOに強い

YouTubeはGoogle傘下の組織が運営しており、Google検索では多くのキーワードで上位表示されやすくなっています。また、YouTubeにアップロードした動画情報から自社サイトにリンクを貼ることで、一定のSEO効果も期待できるでしょう（詳細は後述します）。

なお、YouTubeの具体的な機能説明や操作方法は、本書では説明しきれませんので、それらは「YouTubeヘルプ」をご覧ください。また、「より多くの視聴者を獲得する」ための無料のオンラインコース（動画教材）として「クリエイターアカデミー」も用意されています。

・**YouTubeヘルプ**

https://support.google.com/youtube/

・**クリエイターアカデミー**

https://creatoracademy.youtube.com/page/home?hl=ja

➡ 動画を「テレビCMの代わり」にしない

　以前、ある経営者の方が次のようなことをおっしゃいました。

「うちの会社はテレビにCMを流すほどの予算はありません。しかし、同様の製品を扱っている企業はCMを実施して売上が上がっているそうです。そこで、うちでは自社製品のコマーシャル動画を作ってWebサイトのトップに貼ろうと思っています。制作業者にも支援してもらって、かっこよくてクールな動画にするつもりです」

　そのとき私は「だれも見ないので、やめたほうがいいですよ」とアドバイスしました。

　Webで活用する動画メディアとテレビCMでは、まったく活用方法が違います。テレビCMの効果があるのは、数百万以上という大勢の方の目にとまるからです。しかし、なぜ大勢の方がCMを見てくれるかといえば、「ついでに見る」というだけにすぎません。テレビの視聴者はドラマや音楽番組など、自分の見たい番組コンテンツのためにテレビを眺めているのです。CMはそのコンテンツの間に流れる「ムダなもの」にすぎません。ですが、「視聴者の数」という母数があまりにも大きいために、確率的にある程度の人数の方がCMで流した商品を買ってくれているのです。

　その事実をふまえれば、「カッコいいCM」を作って、あなたのWebサイトのトップに貼りつけたところで、どんな結果になるかは明らかでしょう。だれも、わざわざCMを見るためにWebサイトへ訪れはしないのです。

　この本をここまで読まれてきたあなたなら、もうおわかりのはずです。第1章の「返報性の法則」でも説明したとおり、あなたが売り込みをすればするほど相手は逃げてしまいます。一方で、あなたが役に立つ話をすれば、相手は近づいてきます。

　あなたは、Webマーケティングの全体の仕組みの中で「信頼関係を構築し、期待を持ってもらう」という目的を持って動画を制作することが、動画活用の正しい方法です。

まずは「代表挨拶」と「役立つ情報の提供」の動画を作ってみよう

それでは、どのような動画コンテンツを作ればいいのでしょうか？

これは、「信頼関係の構築と期待の育成」という目的が明確であれば、自然と決まってきます。第3章81ページの「売れるWebサイトのページ構成」でも説明したとおり、Webサイトで信頼関係の構築と期待の育成のためには、「手に入る結果」「共感」「事実とその保証」「選ばれる理由（USP）」「有益な情報の提供」という5つのコンテンツが必要でした。その中で、動画に向くものは以下のようなコンテンツがあります。

▶ 代表挨拶、開発ストーリー

USPの3つの観点（実績・技術・想い）をベースとして、視聴者に語りかけるように、マイクに向かって話します。基本的には第2章でも説明したライティングと同じ方法でスクリプト（シナリオ）を考えます。現在と過去のギャップを意識し、視聴者に共感してもらえるような構成にします。

▶ 役に立つ情報の提供

見込み顧客に喜んでもらえるような、あなたの専門知識を活かした情報を定期的に投稿します。くり返し情報を提供し、お客様を育てていくことがポイントになります。

▶ よくある質問、使い方・操作方法

これらを動画で提供することで、直接売上につながらないお客様からの問い合わせや質問が減少します。また、このような情報を必要にしている人にとっては、立派な「有益な情報」ですから、しっかり説明すれば信頼性も向上するでしょう。

▶ スタッフ紹介、社内の様子

スタッフが頑張っている様子や社内の様子を開示することで、親近感を持ってもらうことができます。

▶ 商品・サービスの紹介、ベネフィット（どのような価値を提供するのか）

動画は商品・サービスのよさを伝えるために最適なコンテンツですが、この種類の動画ばかりだと売り込み要素が強いように感じられる場合があります。

一方で、自動車・バイク用品や改造部品、コレクターが存在する商品など趣味性の高いものは、商品の詳細説明だけでファンが飛びつく場合があります。あなたの商品・サービスの種類によって、取り扱いを検討してください。

▶ お客様の声

ファン・リピーターのお客様に、動画であなたの会社・商品のよさを説明してもらうことは「第3者の意見」として、非常に説得力があります。ただし、お客様にご協力いただくことが前提ですから、制作のハードルは少し高くなります。

上記の中で、まずおすすめしたいのが「代表挨拶」と「役に立つ情報の提供」です。この2つは、特に見る方に訴えかけ、共感を呼び、また信頼を獲得する力の強いものです。あなたが最初に取り組むべきコンテンツといえるでしょう。

制作する動画は、「代表者挨拶」でも3 〜 5分以内、「役に立つ情報の提供」では1 〜 2分で検討しましょう。長い動画は最後まで見てもらえる確率がグッと下がります。どうしても長くなるようであれば、複数の動画に分割しましょう。分割して動画の数が増えると、次項で説明するとおりSEOの効果も上がります。

➡ 動画で情報発信をする意味

　ここまで見てきたように、基本的には、動画で提供するコンテンツも、テキストライティングや静止画で提供していたコンテンツと同じ種類のものです。それでは、動画で新しく情報を発信する意味はどこにあるのでしょうか？　理由は3つあります。

▶ 理由① 　より臨場感があり、いきいきと伝わる

　経営者や社員が動画を使って顔出しで説明すれば、見込み顧客にとって強く印象に残ります。有益な情報提供のように定期的に投稿するものは、毎回、経営者や社員の姿を目にするわけですから、実際にリアルで会ったわけでもないのに、かなり親近感を感じてもらえることになります。ザイオンス効果も非常に高くなるのです。

　さまざまなメディアの中で動画がもっとも「シズル感」が高くなりますし、文章や静止画では説明が難しい製品の操作方法なども、動画であればかんたんに伝わる場合があります。顧客にとってどちらの利便性が高いかは明らかですよね。

▶ 理由② 　新しい選択肢の提供

　現在、ネット上にはさまざまなサービスやコンテンツが溢れているので、ネットユーザーは基本的にせっかちでわがままです。しかし、ユーザーの中には、まったく同じ情報でも「テキストでさっと流し読みしたい」と考える方もいれば、「動画でじっくり見たい」という方もいます。

　テキストだけでなく、動画でも同じ情報を提供することで、より多くのユーザーの要望に応えられます。

▶ 理由③ 　SEOの効果が高い

　現在、中小企業のサイトに動画を埋めこむには、

「撮影・編集した動画はYouTubeにアップロードし、あなたのWebサイト

にYouTubeのコンテンツを埋めこむことで動画を表示させる」

という方法が標準的になっています。技術的には、直接あなたのサイトのサーバーに動画をアップロードすることもできるわけですが、なぜ一旦YouTubeにアップロードしてから、自社のサイトに適用する方法をとるのでしょうか？

　それは、YouTubeにアップロードした動画を活用する方法は、SEO効果が高いからです。YouTubeに動画を投稿する際、あなたのWebサイトの情報やURLを記載できます。つまり、YouTubeからあなたのサイトにリンクが貼られる（被リンク）効果があるのです。YouTubeにアップロードされる動画の数が増えれば増えるほど、もちろんその効果も大きくなります。

➡ 撮影・編集のときの合言葉は「シンプル・凝りすぎない」

　ここからは、撮影や編集のポイントを説明していきます。まず、撮影・編集の最大のポイントは、

「シンプル、凝りすぎない」

ということ。撮影や編集の初心者が背伸びしたところで、見にくい・わかりにくい動画になるだけです。また、少し撮影や編集になれてくると、新しいテクニックや機能を使いたくなるものですが、そういったテクニック・機能は、専門家がしかるべきタイミングで使ってはじめて意味が出てくるもの。これから動画にチャレンジする方は「撮影・編集はシンプル・凝りすぎない」を常に頭に置き、時間をかけすぎないようにしましょう。

　それより、Webマーケティングの動画活用で、もっとも大切で時間をかけるべきは「スクリプト（シナリオ）」です。

「どのような目的で何を発信するのか」

……これらを紙に書き出し、しっかり検討してから撮影に入りましょう。あなたが情報発信する動画のクオリティは、じつは撮影をする前にほぼ決定しているのです。

➡ シンプルな動画を撮影・編集のコツ

　ここでは、「シンプル」という原則をふまえつつ、ほかのコツを箇条書きにしてみます。

▷ 撮影編

- ・日光のよく入る明るい場所で撮影する
  - →照明を使わないで済むのがベスト
- ・「あおり顔（顔を下から撮影すること）」に注意する
  - →不遜に見えやすい。特にスマホ撮影で起こりやすい
- ・歩きながら撮影しない
  - →上下の揺れや手ブレが発生するので、馴れないうちは停止状態で撮影するほうが無難。慣れてきたらスタビライザーなど専用の対策機器の導入を検討する
- ・三脚は固定して動かさない。パン（水平）やティルト（垂直）などを撮影時に操作しない
  - →こちらも慣れないうちは動きのあるカットは抑えたほうが見やすい動画に仕上がる
- ・カットは多めに撮影する、1カット10秒は撮影する
  - →撮影データが多すぎる分には編集時にカットすれば問題ないが、必要なカットが足りないと、再撮影することになり大きな手戻りが発生する
- ・「ひき」と「より」を撮影する
  - →これらのカットを編集でつなげると、メリハリのある動画となる
- ・自撮りの場合、バリアングルモニター（可動モニター）だと映像をチェックしながら撮影できるが、目が泳がない様に注意する

→バリアングルモニターに視線を向け続けると、視聴者からみて違和
　　　　感のある映像となる

▷ **編集編**
・基本は「どんどんカット」していく
　　→多めに撮影するので、編集では不要な部分を大胆にカットして密度
　　　の濃い内容とする
・編集機能は使いすぎない。ただし、テロップだけは効果的に入れる
　　→動画閲覧を、公共の場でスマホを使って無音で見る方も多い。その
　　　ような方をとりこぼさないため

　あなたが作成すべき動画は、1～2分、長くても5分以内の短いもので、
「何を訴えるのか」というスクリプトに力を入れたものです。くり返しに
なりますが、撮影・編集はシンプルなもので十分です。ヘタに凝れば凝る
ほど、プロとの差が明確になるばかりか、もともと訴えたいテーマまでブ
レてしまうおそれがあります。そのことを忘れず、撮影・編集に取り組み
ましょう。

➡1本の動画を、10本の経路で拡散させる

　せっかく作成した動画はできるだけ多くの人の目にふれてもらいたいも
の。YouTubeに投稿した動画のリンクをWebサイトに貼るだけでは、まだ
まだ不十分です。
　本書で説明したFacebook・Twitter・LINEなどのソーシャルメディアに
も共有し、知人・友人を中心に拡散させましょう。ソーシャルメディアで
は営業色が強いコンテンツは嫌われますが、この本を読んであなたが作成
した動画は、人々に喜ばれるコンテンツになっているはずです。また、メ
ルマガやステップメールでの紹介、ブログへの貼りつけも検討してみてく
ださい。

「動画を1本制作したら、10本の経路で拡散させる」

　そのぐらいの心づもりで毎回取り組むことで、動画の視聴数も少しずつ増えていくことでしょう。

6-3 メルマガで価値ある情報を しっかり届ける

➡ メルマガは確実に顧客に情報を届けられるツール

　ソーシャルメディアや動画メディアの隆盛もあり、

「もうメルマガの時代は終わった」
「メルマガではもう効果がでない」

などの意見を聞くことがあります。たしかに、最近ではソーシャルメディアの台頭もあり、メルマガの影が薄くなったような印象もありますが、そのような状況だからこそ、うまく使えば思わぬ効果を生むことができます。ただし、ネットユーザーの多くがメルマガや営業メールに日々さらされていますから、1つひとつのメルマガの開封率は決して高くありません。一般には3〜5%程度ともいわれています。

　一方で、きちんと毎回読んでもらえる読者にさえなってもらえれば、見込み客を購入まで導き、リピーターやファンのロイヤリティを育てるのにこれほど強力なツールはありません。Facebookも友達やファンのニュースフィードにあなたの投稿を流すことはできますが、ユーザーがアクセスしない時間帯だと過去の記事としてチェックされにくくなりますし、エッジランクによっては表示されないユーザーも存在します。

　それに比べ、メルマガは必ず相手のメールソフトに受信されるのです（迷惑フォルダの場合もありますが）。唯一あなたからプッシュ型でまちがいなく顧客に情報を提供できるツールといえるでしょう。

　それでは、メルマガで1人でも多く読者になってもらうための7つの原則を説明します。

➡ 読まれるメルマガの7つの原理原則

▷ ①登録の項目を少なくする

メルマガの登録フォームを用意するときはできるだけ項目を減らしましょう。メール配信用に「メールアドレス」のみ登録させるか、多くても「氏名」を加えて2項目以内にすることを強くおすすめします。

メルマガ登録時に「ユーザー情報を多く取得しよう」とよくばると登録数が落ちてしまいますし、まだユーザーと関係性ができていないうちに情報を入手したところで適切な利用はできません。「まずは登録しやすい環境を整える」ことに注力してください。

▷ ②毎回配信する際のタイトルにこだわる

第2章のキャッチコピーと同じ考え方です。特に「どのような価値があるのか明らかにする」「具体的に数値で表す」を心がけてください。

▷ ③読みやすさにこだわる

書籍や雑誌と違って画面をスクロールしながら読むメールは、行間が詰まっていると非常に読みにくいものです。真面目な内容のメルマガであっても、読みやすさを優先して数行に1行は空けるなど、ユーザーに配慮して執筆してください。

▷ ④有益な情報を提供する

「まずは売り込みではなく、価値ある情報を提供する」というのはメルマガにおいても必須の考え方です。

▷ ⑤ライバルを研究する

常にライバルとなるメルマガを研究し、「あなたの見込み顧客にとって、もっとも喜ばれる情報提供の仕方」を追求してください。

⑥ 発信頻度を考える

あなたのメルマガの内容が充実していてよほどのファンにならない限り、週に何回もメルマガが届くと「このメルマガ、頻繁に届くな」と思われるケースが多いようです。一方、メルマガを発行するほうも頻繁に発行していると、どうしても内容が薄くなりがちです。そのため、

【内容が薄いメルマガが頻繁に届く】→【わずらわしい】→【解約を考える】

という流れにおちいることがあります。相手との関係性を持続するには、週1回でも十分すぎるくらいです。業種にもよりますが、実際には月に1〜2度程度が適切だと思います。その分、配信する際には充実した内容になるよう気を配りましょう。

⑦ あえて「メルマガ」に見せない

これはある意味、裏技なのかもしれません。ユーザーは「メルマガ」と聞くと「またか」と思いがちです。ですが、月に1度あるいはそれより低い頻度で、

「○○（担当者の名前）より、お客様へ△△のお得情報」

など、特別感のあるメールが来たらどうでしょうか？
まちがいなく、一般的なメルマガよりも開封率が上がるはずです。必要以上に煽るのはNGですが、毎回お客様に「どんなメール、どんな情報を流したら喜ばれるか」を中心に考えることで、さまざまな見せ方ができるはずです。

➡ ステップメールの極意は「営業色を入れない」こと

あるユーザーが新しくメルマガ登録した場合、通常は最新号からの配信になります。バックナンバーを公開している場合でも、そのユーザーが過

去のバックナンバーをきちんと読んでくれることはまれでしょう。

　一方で、新しくあなたの商品を購入してくれた顧客に対し、お礼のメールや使い心地を確認するメールをタイミングよく発信したい場合もあるでしょうし、または、あなたが持つノウハウを1から体系的に伝えたい場合もあるでしょう。こういった場合、一般のメルマガでは対応できません。

　だからといって、多くの顧客にそれぞれ最適なタイミングで順番にメールを配信しつづけるのはとても大変です。1人〜2人ならともかく、数十人〜数百人になってくると管理は難しくなるでしょう。

　そこで利用したいのがステップメールです。ステップメールとは、あらかじめ用意していた複数のメール文を、あなたが設定したタイミングにあわせて自動的に発信するメールシステムです。用途としては先に述べたとおり、以下の2つがあります。

①見込み顧客/購入済顧客に対し、最適なタイミングでメールによるサポートをする
②見込み顧客に対し、体系的にあなたの持つノウハウなど価値ある情報を提供する

　①の例として、アパレルの小売業のほうが商品を購入された顧客へ自動的に配信するステップメールを見てみましょう。

（1）購入日当日：サンキューメール
（2）翌日：あらためて御礼のメール＋アフターサービスのお知らせ
（3）1週間後：お伺い（寸法など問題ありませんか）メール
（4）1か月後：お伺い（お気づきの点はありませんか）メール＋キャンペーン情報
（5）3か月後：新しいシーズン物の入荷のご案内

　このようにシナリオ次第では、細かい気配りに加えて押しつけにならない販促をシームレスに実行できます。

②の例として、弊社の無料メール講座を確認してみましょう（現在は
Webサイトのリニューアルの関係で、下記メール講座は一旦停止しています）。

■ 無料メール講座

このメール講座では、ぼんやりと「自分の会社もWeb対策をやらないといけないなぁ」と思っているユーザーに情報を提供することで、Webマーケティングの需要を顕在化させる顧客育成を狙っています。基本的な内容は第2章の「戦略ストーリー」に準拠すべきですが、このメール講座ではおもに「有益な情報提供（Webマーケティングに関するノウハウ）」に絞り、営業・販促要素はいっさい入れていません。さらに、各回のタイトルはできるだけ「ユーザーの期待させるもの」にしてありますが、決して煽りではなく、内容も読んだ後に十分満足してもらえるものにしてあります。

　このメール講座を読んでいただいた方の中には、

「こんな営業色がいっさいなくて、しかもノウハウを惜しみなく提供しているメールを無料で配信するなんてもったいないですよ」

とおっしゃってくださる方も多くいらっしゃいました。しかし、そんなことはありません。顧客になってくれる割合がもっとも高くなるのは、これまでの実体験から「ヘタに営業要素を入れたり、ノウハウを出し惜しみしたりする場合」よりも、

「営業色がいっさいなく、かつノウハウを惜しみなく提供している場合」

と感じています。まさに「情けは人のためならず」という言葉のとおりです。

おわりに

　本書を読み終えた今、あなたは次のような感想をお持ちのことでしょう。

「Webマーケティングって、一般の（リアルな）マーケティングとあまり変わらないんだな」
「Webマーケティングって特殊なことをやるわけではなくて、あたりまえのことを地道にやることが大事なんだな」
「Webマーケティングも結局、お客様の気持ちを第一に考えていけばいいんだな」

　あなたの感じているとおり、Webマーケティングもリアルのマーケティングも考え方は同じです。「顧客との信頼関係を構築し、期待してもらう」という原理原則を押さえた上で施策を進めていけば、方向性を見間違うことはありません。
　実際、本書の第1章～第3章はWebマーケティングに取り組む人だけでなくマーケティングに関わるすべての方に読んでほしい部分です。特に、

「あなた独自の強み（USP）を抽出し、物語化する」
「チラシの文章もWebライティングも、成果を出すためには『戦略ストーリー』が必要」

などは、リアルとWebの双方のマーケティングの要諦になります。
　そして、Webマーケティング独自の部分であるSEOやリスティング広告も基本は同じ。

「リアルな（人間の）顧客以外に、Googleなどの検索エンジンも“顧客”と考

えることで、SEOやリスティング広告など、施策の正しい方向性が明らかになる」

　私が実施してきたコンサルティングやセミナーでも、常にこのように説明しています。そうした説明に対し「目から鱗が落ちた」「頭の中でモヤモヤしていたものが解決した」など多くのありがたい感想をいただきますが、これは決して私個人の力で作りあげたものではありません。これまでコンサルティングやセミナーの中で多くの質問や疑問などを投げかけてくれたクライアントや受講者のみなさま、彼らとのキャッチボールの中で作りあげたものです。

　私が多くの方にWebマーケティングの戦略を伝えていくなかで、私自身も逆にいろいろなことを教わりました。そのたびに徹底的に考え、どうすれば「失敗の確率を下げて、施策を成功に導けるのか」を自問自答し続けてきました。こうして完成したものが本書の構成のベースです。本書の目次構成にしたがって施策を進めていけば、そのまま成果をあげる「Webマーケティングの正解」となる……そう言い切れるぐらいに改良に改良を重ねてきた、と自負しています。

　こうした経緯で体系化し、徹底的に噛み砕いた「Webマーケティングの集合知」を、私が直接コンサルティングやセミナーをできないほかの多くの方にも届けたいと考え、本書の執筆にいたったのです。

　執筆にあたって、技術評論社の佐久未佳さんに多くの示唆に富むアドバイスと献身的なご支援をいただきました。こうして形にできたのは、佐久さんのお力の賜物です。本当にありがとうございました。

そしてもちろん、これまで私のコンサルティングやセミナーを受けてくださったすべてのみなさま。本書はみなさまとの共著です。ぜひまた、美味しいお酒と肴をいただきながら、楽しくマーケティング談義をさせていただきたいと思っています。

　最後に本書を手に取ってくださった読者の方。あなたにもぜひ、本書を読んでいただいて、その感想をフィードバックしていただければ、心から嬉しく思います。

2020年2月　西俊明

キーワード索引

西　俊明 (にし・としあき)

合同会社ライトサポートアンドコミュニケーション 代表社員／CEO。17年間にわたり、富士通株式会社で営業・マーケティング業務に従事した後、経済産業大臣登録中小企業診断士として独立し、2010年に合同会社ライトサポートアンドコミュニケーション設立。Webマーケティングやソーシャルメディア活用を中心に、独立後10年で220社以上のコンサルティングを実施。250回以上のセミナー・研修の登壇実績をもつ。さらに、本業の傍ら取り組んでいるアフィリエイトで、Webマーケティングを自ら実践し、月間売上100万円を達成する。著書に『ITパスポート最速合格術』(技術評論社)、『絶対合格応用情報技術者』(マイナビ)、『やさしい基本情報技術者問題集』(ソフトバンククリエイティブ)、『問題解決に役立つ生産管理』(誠文堂新光社)などがある。

＜保有資格＞
・中小企業診断士
・FP技能士2級
・基本情報技術者
・情報セキュリティマネジメント試験
・初級システムアドミニストレータ
・ITパスポート
　(第1回試験1,000満点合格、約4万人中2名のみ)

＜コンサルティング・セミナーに関するお問い合わせ＞
nishi@light-support.comまでメールをお送りください。

＜Webサイト＞
https://light-support.net/

[お問い合わせについて]
本書に関するご質問は、FAXか書面でお願いいたします。電話での直接
のお問い合わせにはお答えできません。あらかじめご了承ください。下記
のWebサイトでも質問用フォームをご用意しておりますので、ご利用くだ
さい。

[問い合わせ先]
〒162-0846　東京都新宿区市谷左内町21-13
株式会社技術評論社　書籍編集部
「Webマーケティングの正解」係
FAX：03-3513-6183
Web：https://gihyo.jp/book/2020/978-4-297-11195-3

ブックデザイン　小口翔平＋岩永香穂（tobufune）
DTP　　　　　　SeaGrape
編集　　　　　　佐久未佳

Webマーケティングの正解
ほんの少しのコストで成功をつかむルールとテクニック

2020年 3月20日　初版　第1刷発行
2020年 9月17日　初版　第2刷発行

著　者　　　西 俊明
発行人　　　片岡 巌

発行所　　　株式会社技術評論社
　　　　　　東京都新宿区市谷左内町21-13
　　　　　　電話　03-3513-6150（販売促進部）
　　　　　　　　　03-3513-6166（書籍編集部）

印刷・製本　　日経印刷株式会社

定価はカバーに表示してあります。
本書の一部または全部を著作権の定める範囲を超え、無断で複写、複製、転載、
テープ化、ファイルに落とすことを禁じます。

©2020　合同会社ライトサポートアンドコミュニケーション

造本には細心の注意を払っておりますが、万一、乱丁（ページの乱れ）や落丁（ペー
ジの抜け）がございましたら、小社販売促進部までお送りください。送料小社負担
にてお取り替えいたします。

ISBN978-4-297-11195-3　C3055
Printed in Japan